Le métier de créateur d'entreprise

Éditions d'Organisation
1, rue Thénard
75240 Paris Cedex 05
www.editions-organisation.com

CHEZ LE MÊME ÉDITEUR,

Patrice STERN, Patricia TUTOY, *Le métier de consultant,* 2001.

Nicolas RIOU, *Comment j'ai foiré ma start-up,* 2001.

François DÉLIVRÉ, *Le métier de coach,* 2002.

Cécile FLÉ, *Entreprendre en solo,* 2002.

Geneviève BOUCHÉ, *Je vais monter ma boîte !!!,* 2003.

APCE, *Créer ou reprendre une entreprise,* 2003.

ISBN : 2-7081-2826-4

Alain FAYOLLE

Le métier de créateur d'entreprise

Éditions d'Organisation

Remerciements

Ce livre est un propos d'étape qui reprend des analyses et des réflexions issues de mes expériences personnelles et professionnelles. Il s'inspire de mon expérience de créateur et de dirigeant d'entreprises et s'appuie sur plus de dix ans d'une vie professionnelle consacrée à la recherche et à l'enseignement.

Qu'il me soit permis de remercier, tout d'abord mes proches, famille et compagne pour leurs encouragements et leur affection.

Je voudrais également remercier mes anciens collègues et la direction générale de l'École de Management de Lyon qui m'ont aidé et soutenu dans mes initiatives et mes apprentissages. Mes remerciements s'adressent également à mes collègues actuels de l'Institut National Polytechnique de Grenoble.

Enfin, ce livre doit beaucoup à des personnes qui dans des ministères, à l'APCE et dans d'autres lieux oeuvrent, avec conviction et passion, pour que l'esprit d'entreprendre prenne plus de place dans notre société.

Sommaire

CHAPITRE 5

Introduction

Retrouver l'esprit et la liberté d'entreprendre

« L'entrepreneur est un être passionné, épris de liberté, qui se construit une prison sans barreaux. » Voilà de quelle façon un jeune créateur d'entreprise définissait l'entrepreneur, il y a quelques années, suite à une question qui lui était posée. J'ai, depuis, conservé cette définition et la réutilise assez souvent, tant elle me semble bien incarner une des dimensions clés de l'acte d'entreprendre. Celui qui entreprend est un être libre, qui recherche des espaces de liberté plus vastes et qui construit, lui-même, les situations et les systèmes sociaux dans lesquels il souhaite vivre. L'entrepreneur n'est cependant pas, comme on l'a très souvent présenté, un solitaire, un hors-la-loi ou une personne en marge de la société. Il est engagé dans la vie sociale ; il a (c'est ce qu'il ressent) des responsabilités vis-à-vis de très nombreux acteurs (clients, fournisseurs, partenaires, collaborateurs). Mais, c'est lui qui a défini les règles et les lois de ce système, c'est lui qui a construit cette « prison » sans barreaux…

Celui qui entreprend est un être libre et engagé dans la vie sociale.

Le sentiment de liberté est donc une des motivations de l'acte d'entreprendre. Mais la liberté n'est pas toujours facile à atteindre. Certains individus peuvent se contraindre eux-mêmes et vivre, dans des prisons intérieures, des situations véritablement schizophréniques. Ils ont envie d'entreprendre, mais ils se l'interdisent, par méconnaissance, par peur du changement, par peur du risque. Ils peuvent aussi se raconter des histoires et dire à qui veut l'entendre qu'ils passeront à l'acte d'entreprendre plus tard, demain, l'année prochaine ou dans dix ans. Il vaut mieux remettre au lendemain ce qu'on pourrait faire le jour même !

Si chacun de nous joue un rôle dans l'existence, il faut bien admettre qu'il n'est pas unique et isolé. La famille peut contraindre et rendre problématique la décision d'entreprendre. Son histoire, sa position sociale, ses valeurs, ses préférences véhiculent parfois des messages non compatibles avec la création d'une entreprise ou la prise d'initiative majeure. Les entreprises, certains milieux professionnels, peuvent aussi développer des cultures peu favorables à l'initiative, à la prise de risque et à l'innovation. Dans le même esprit, des comportements routiniers et bureaucratiques peuvent « tuer » les idées dans l'œuf et décourager les volontés les plus fortes. La réaction assassine du *« ça ne marchera jamais ! »* ponctue encore trop souvent le dialogue entre celui qui avance des idées innovantes pour tenter d'entreprendre au sein d'une organisation existante, et son supérieur hiérarchique.

La liberté d'entreprendre est contrainte en dernier ressort par notre société. La France n'est pas un pays où il est facile d'entreprendre, pour des raisons historiques et culturelles. L'acte d'entreprendre présuppose la capacité à prendre des initiatives et des risques, à innover et à exploiter des opportunités. Autant la société américaine accorde de l'importance à ces éléments (elle qui valorise, en son sein, les *« Money makers »*), autant la société française les a toujours largement ignorés (elle qui valorise depuis très longtemps le parcours scolaire réussi et le diplôme obtenu, de préférence dans un établissement prestigieux). Il suffit d'observer ce qui fait que les Américains et les Français se précipitent vers les vendeurs de journaux spécialisés, pour bien comprendre les différences qui subsistent encore, entre ces deux sociétés, au niveau de leurs cultures entrepreneuriales. Les Français se passionnent pour les publications exposant des classements d'écoles, grandes ou petites. Les Américains sont davantage intéressés par les classements de fortunes et de patrimoines, qu'ils concernent des individus ou des entreprises.

Retrouver l'esprit d'entreprendre, c'est redonner aux individus des espaces de liberté. C'est valoriser les initiatives et les démarches des individus qui entreprennent. Retrouver l'esprit d'entreprendre passe aussi par l'envie et la conviction que vivre c'est choisir son destin et non pas subir les événements. Que penser d'une société dans laquelle, chaque année, environ la moitié des créateurs d'entreprise sont des individus privés d'emploi, et qui s'orientent donc dans cette voie pour retrouver une position sociale ? Que penser d'une société où les créations d'entreprise sont faites, dans ces conditions, par nécessité ou par hasard ? Que penser d'une société qui laisse tomber un entrepreneur qui a déposé son bilan de façon non frauduleuse, et qui ne lui donne accès à aucune indemnité pour rebondir ou simplement pour vivre ? Les entrepreneurs potentiels, dans tous les domaines, doivent être encouragés et aidés. Il y va de l'avenir de notre société. Développer l'acte d'entreprendre représente un défi majeur que notre pays doit relever dans les vingt prochaines années. C'est possible, à condition de le vouloir. Nous allons voir comment.

Atténuer l'un des paradoxes de notre société : entreprendre

La culture de l'entreprise et celle de « l'entreprendre » ont progressé dans la société française.

Partout dans le monde, et la France ne fait pas exception, l'entrepreneuriat[1] et la création d'entreprise se trouvent au cœur d'une demande sociale sans précédent. Les hommes politiques, les journalistes, les chefs d'entreprise, les étudiants et bien d'autres personnes encore expriment un intérêt marqué pour ces thèmes d'actualité. Certes cet engouement trouve une partie de son origine dans le développement des nouvelles technologies liées à l'informatique et à la communication, et dans la forte croissance du nombre de créations d'entreprise, les fameuses « start-up », dans ces domaines. Mais, au cours des dix dernières années, la culture de l'entreprise, et celle de « l'entreprendre », ont indéniablement progressé dans la société française. Un indicateur met en évidence, d'une façon nette, la croissance du désir d'entreprendre dans notre pays. Le nombre de Français répondant positivement à une question posée par un institut de sondage sur leur intention d'entreprendre est passé de 700 000 en 1992 à 3 millions en 2000[2].

1. Nous allons définir cette notion dans le premier chapitre de cet ouvrage.
2. Les enquêtes et les résultats sont consultables sur le site de l'APCE (Agence pour la création d'entreprise) : http://www. apce.com/

Ceci n'est pas étonnant, car au-delà des effets de mode et d'une focalisation, certainement un peu excessive, sur le phénomène entrepreneurial, l'entrepreneur et surtout ce qu'il incarne (valeurs, attitudes et comportements), apparaît bel et bien comme porteur de réponses possibles et pertinentes face à la complexité de l'organisation et du fonctionnement des entreprises et des sociétés contemporaines.

Pour autant, la partie est loin d'être jouée : beaucoup de progrès restent encore à accomplir, et la situation de l'entrepreneuriat en France, en tant que phénomène social, présente quelques paradoxes. Nous allons évoquer deux d'entre eux, ceux qui nous semblent les plus remarquables.

Le premier de ces paradoxes nous offre l'occasion de relativiser la forte évolution du désir d'entreprendre en France. Alors que, dans la période 1992-2000, l'intention d'entreprendre, plus précisément le souhait de créer une entreprise, a progressé de 300 %, le nombre des créations d'entreprise *ex nihilo* est, quant à lui, resté remarquablement constant comme le montre le tableau suivant. Il y a loin de la coupe aux lèvres, et l'intention n'est pas l'action.

Le second paradoxe est lié au décalage très important qui subsiste entre ce qu'est encore, profondément, notre société et les discours, parfois incantatoires, des hommes politiques et des responsables économiques. À titre d'illustration, lors des États généraux de la création d'entreprise organisés par le gouvernement français, le 11 avril 2000, le ministre de l'Économie, des Finances et de l'Industrie déclarait : « *La création d'entreprise est un enjeu majeur pour notre pays. La création d'entreprise est une grande cause nationale. Elle est source de richesses.*

Les créations d'entreprise *ex nihilo* en France sur la période 1992-2000

Années	Nombre d'entreprises créées
1992	173 092
1993	170 919
1994	183 794
1995	179 923
1996	171 628
1997	166 850
1998	166 190
1999	169 674
2000	176 753

Source : APCE

Encourager la prise de risque, l'innovation, l'inventivité est essentiel dans la compétition entre les nations. Elle est indissociable de la réussite de notre économie. » La prise d'initiatives et de risques, l'innovation et la créativité permettent effectivement, dans certaines situations, de contribuer à la création de richesses économiques et sociales. De plus, ces caractéristiques se retrouvent généralement chez les entrepreneurs. Mais comme nous l'avons vu dans notre introduction, la société française ne valorise pas les attitudes et les comportements entrepreneuriaux, allongeant et compliquant, qui plus est, à travers des dispositifs et des cadres administratifs peu appropriés, les parcours des entrepreneurs. Ce qui a amené et amène encore un certain nombre d'entre eux à quitter notre pays pour créer leur entreprise.

Les paradoxes de la société française montrent bien que notre culture présente des spécificités qui ne sont pas toujours favorables à l'esprit d'entreprise : importance de l'État Providence, du système de protection sociale et des avantages acquis, aversion pour le changement et le risque, recherche des privilèges, persistance de sujets tabous comme l'argent et les signes extérieurs de richesse. Tout cela est traduit, avec une certaine dérision, dans ce propos extrait d'un rapport produit par le cabinet Arthur Andersen et l'APCE : « *La France n'aime pas les entrepreneurs, sauf s'ils sont chômeurs de longue durée, de préférence pauvres, mais méritants. Cela ne nous empêche évidemment pas de nous émerveiller un temps devant un homme à qui tout réussit, du show-business à la politique, en passant par le sport jusqu'au jour où… le rêve s'effondre. Et les Français de reprendre en chœur l'hymne du "tous des pourris !"* »[1].

Le chemin à parcourir, comme nous pouvons le constater, est important ; la France doit poursuivre ses efforts en vue de faire évoluer sa culture et de se transformer pour mieux répondre aux défis du monde moderne. Nous faisons l'hypothèse que les leviers principaux de ce nécessaire changement sont liés à l'éducation, à l'enseignement et à la formation, et que, de ce fait, les enjeux du développement du phénomène entrepreneurial dans notre pays, rejoignent largement ceux du développement de l'enseignement de l'entrepreneuriat.

1. Extrait de Arthur Andersen et APCE, *Du créateur d'entreprise au créateur d'emploi : la dynamique du succès*, collection « Comprendre », Paris, APCE 1998.

Notre objectif, dans cet ouvrage, est donc d'aborder sous cet angle les rapports qu'entretient la société française avec le phénomène entrepreneurial. Pour ce faire, dans une première partie, nous allons tenter d'expliquer « l'explosion » actuelle de l'entrepreneuriat à travers les évolutions en cours du système économique et les apports sociaux et économiques des phénomènes de création d'activités et d'entreprises. Puis, nous évoquerons l'occurrence de l'acte d'entreprendre en montrant quels en sont les déterminants et les principales logiques. Nous terminerons l'ouvrage par une présentation de la situation actuelle de l'enseignement de l'entrepreneuriat, ainsi que de ses principaux enjeux de développement, et par la mise en exergue de quelques propositions qui nous apparaissent fondamentales pour faire évoluer le système éducatif et, à travers lui, la société française.

Cet ouvrage s'appuie beaucoup sur notre expérience de consultant, d'enseignant et de chercheur spécialisé depuis plus de 10 ans dans le domaine de l'entrepreneuriat. Il reprend différents travaux que nous avons réalisés dans le champ de l'enseignement de cette discipline, et notamment des enquêtes et des analyses développées dans deux rapports rédigés en 1999 et 2001 à la demande du ministère de la Recherche et de l'Éducation nationale[1].

1. Fayolle A., *L'enseignement de l'entrepreneuriat dans les universités françaises : analyse de l'existant et propositions pour en faciliter le développement,* rapport rédigé en 1999 à la demande de la direction de la Technologie du ministère de l'Éducation nationale, de la Recherche et de la Technologie, et Fayolle A., *Les enjeux du développement de l'enseignement de l'entrepreneuriat,* rapport rédigé en 2001 à la demande de la direction de la Technologie du ministère de la Recherche.

PARTIE I

Ne pas confondre acte d'entreprendre et création d'entreprise

« Les entreprises ont été "sur-managées" au détriment de la créativité... Le manque d'imagination et d'entrepreneurs, c'est la chute de nos sociétés. Aujourd'hui, il n'y a plus que des gestionnaires. »

Jean-René Fourtou,
directeur général d'AVENTIS
Le Monde, septembre 1993

Redonner du sens aux mots « entreprendre » et « entrepreneur »

Tenter de définir l'entrepreneuriat constitue un exercice difficile, car les entrepreneurs et les activités entrepreneuriales ne sont guère aisés à identifier et à étudier, et le phénomène est hétérogène, complexe et équivoque. Il n'existe donc pas de définition unique. Pendant longtemps, cette question de la définition de l'entrepreneuriat a provoqué des débats dans le monde de la recherche et de l'enseignement, à tel point qu'il n'était pas surprenant de trouver des articles universitaires aux titres évocateurs comme celui de William Gartner au début des années 90 : « *What are we talking about when we talk about entrepreneurship* ? »[1].

1. Gartner W.B., 1990, « What are we talking about when we talk about entrepreneurship ? », *Journal of Business Venturing*, vol. 5, n° 1.

Aujourd'hui, la passion est un peu retombée et cette question est passée au second plan dans la mesure où l'on admet que l'entrepreneuriat est effectivement un phénomène multidimensionnel qui peut être étudié sous différents angles en mobilisant de nombreuses disciplines et méthodologies.

L'entrepreneuriat est un phénomène multidimensionnel.

Pour contourner cette difficulté liée à la définition d'un objet polysémique, nous allons adopter plusieurs points de vue et proposer différentes approches qui visent à mieux cerner le concept d'entrepreneuriat. Mais dans un premier temps, il n'est pas inutile de s'attarder sur la signification du mot « entrepreneur », laquelle se dilue dans des utilisations parfois non contrôlées de ce terme[1].

À la recherche de l'entrepreneur

La conception de l'entrepreneur a évolué avec le temps, et semble-t-il avec la complexification de l'activité économique. Pendant le Moyen Âge français, le mot « entrepreneur » désignait une personne qui assume une tâche. Puis, il désignera un individu hardi, prompt à prendre des risques économiques.

La conception de l'entrepreneur a évolué avec la complexification de l'activité économique.

Aux XVIe et XVIIe siècles, l'entrepreneur est un individu qui se livre à des activités spéculatives. Le terme ne désigne pas encore le manufacturier, ni le marchand ou le négociant, mais généralement une personne qui passe un contrat avec le Roi pour construire un bâtiment public ou assurer le ravitaillement des armées. En bref, *« l'entrepreneur était une personne qui entre-*

1. Comme, par exemple, le titre de cet article de la presse régionale : « Les voleurs de voitures agissaient en entrepreneurs. »

tenait une relation contractuelle avec le gouvernement pour un service ou la fourniture de marchandises »[1]. D'où la prise de risques essentiellement financiers, car le montant des sommes allouées pour la réalisation des travaux commandés est fixé avant l'exécution effective du contrat. Dans un sens général, le mot « entrepreneur » désignait au XVIIe siècle « celui qui entreprend quelque chose », ou encore un individu très actif.

Le dictionnaire universel du commerce, publié à Paris en 1723, donne aux mots « entrepreneur » et « entreprendre » les définitions suivantes :

- « entreprendre » : se charger de la réussite d'une affaire, d'un négoce, d'une manufacture, d'un bâtiment, etc. ;
- « entrepreneur » : celui qui entreprend un ouvrage. On dit : « entrepreneur de manufacture, entrepreneur de bâtiment », pour dire « un manufacturier, un maître maçon. »

En 1755, dans l'Encyclopédie, d'Alembert et Diderot définissent l'entrepreneur comme celui qui se charge d'un ouvrage.

À l'aube de la révolution industrielle, l'entrepreneur est un intermédiaire entre offre et demande, il est rarement un producteur. Il se singularise par son aptitude à prendre des risques. Puis, il devient, avec l'industrialisation, la pierre angulaire du développement économique. Il produit et innove, tout en continuant à accepter de prendre des risques. Dans le Dictionnaire de la langue française d'Émile Littré publié en 1889, la

1. Cette définition est extraite de Furetière A., *Dictionnaire universel*, 1690, vol. 1, p. 951.

définition de l'entrepreneur fait toujours référence à l'acte d'entreprendre : « est entrepreneur celui qui entreprend quelque chose. »

Le Petit Robert donne aujourd'hui trois définitions du mot « entrepreneur » :

- la première acception rejoint strictement la définition du Dictionnaire de la langue française précédemment évoquée ;
- une deuxième définition voit dans l'entrepreneur « *une personne qui se charge de l'exécution d'un travail* » ;
- enfin, dans une perspective plus économique, est entrepreneur « *toute personne qui dirige une entreprise pour son propre compte, et qui met en œuvre les divers facteurs de production (agents naturels, capital, travail), en vue de vendre des produits ou des services* ».

L'entrepreneur dans la littérature économique présente une multitude de facettes et combine des fonctions de capitaliste, innovateur, opportuniste ou encore de coordonnateur et organisateur de ressources[1]. Dans une tentative de synthèse, nous reprenons la présentation que font de l'entrepreneur Julien et Marchesnay. Pour ces derniers, l'entrepreneur est doté de quatre caractéristiques principales[2].

1. Pour aller plus loin, nous proposons deux références bibliographiques : Laurent P., 1989, « L'entrepreneur dans la pensée économique », *Revue Internationale PME,* vol. 2, n° 1, p. 57-70 ; Boutillier S. et Uzunidis D., 1995, *L'entrepreneur. Une analyse socio-économique,* Paris, Economica.
2. Julien P.A. et Marchesnay M., 1988, *La petite entreprise,* Paris : Vuibert gestion, p. 59.

L'entrepreneur, c'est celui qui sait imaginer du nouveau, qui a une grande confiance en soi, qui est enthousiaste et tenace, qui aime à résoudre les problèmes, qui aime diriger, qui combat la routine et refuse les contraintes. C'est celui qui crée une information intéressante ou non, d'un point de vue économique (en innovant au niveau du produit ou du territoire, du processus de production, du marketing...) ou qui anticipe cette information avant d'autres et différemment des autres. C'est celui qui réunit et sait coordonner les ressources économiques pour donner à l'information qu'il détient sa traduction pratique et efficace sur un marché. Il le fait d'abord en fonction d'avantages personnels, tels que le prestige, l'ambition, l'indépendance, le jeu, le profit ou le pouvoir qu'il peut ainsi exercer sur lui-même et sur la situation économique.

Si les définitions de l'entrepreneur, au fil du temps, ne sont pas toujours très précises, il n'en demeure pas moins qu'une constante peut en être dégagée : entrepreneur et prise de risques sont étroitement liés.

Multiplions les regards pour mieux comprendre ce qu'est l'entrepreneuriat

Les évolutions qu'a connues le concept d'entrepreneuriat au cours des 15 dernières années comptent certainement parmi les plus importantes. Le concept s'est déplacé d'une situation singulière et il faut bien l'admettre encore peu fréquente, celle de création d'entreprise, vers des registres plus généraux touchant à l'état d'esprit et à certains comportements. Ces changements ont entraîné, par voie de conséquence, des modifications du champ conceptuel lié à ce mot. Différentes formes d'entrepreneuriat cohabitent aujourd'hui, qui mêlent les niveaux individuel, collectif et

Les évolutions du concept d'entrepreneuriat au cours des 15 dernières années comptent parmi les plus importantes.

organisationnel. Les visions de l'entrepreneuriat que nous présentons ici couvrent plus ou moins complètement ce champ. Les premières approches se focalisent sur une ou quelques situations ; les approches suivantes intègrent plusieurs registres d'analyse.

Dans un travail récent[1], consacré à la formation entrepreneuriale des ingénieurs, Beranger, Chabbal et Dambrine proposent une définition de l'entrepreneuriat centrée sur la création et le développement d'activités : « *Entrepreneuriat : (traduction du mot anglais « entrepreneurship »). Comme beaucoup de disciplines qui forment une activité professionnelle clairement identifiée (Médecine, Chimie, etc.), l'entrepreneuriat se définit de deux manières :*

- *En tant qu'activité : ensemble des activités et démarches qu'implique la création et le développement d'une entreprise, et plus généralement la création d'activité.*
- *En tant que discipline universitaire : discipline qui décrit l'environnement et le processus de création de richesse et de construction sociale, à partir d'une prise de risque individuelle.* »

1. Beranger, Chabbal et Dambrine, *Rapport sur la formation entrepreneuriale des ingénieurs,* rédigé en 1998 à la demande du ministre de l'Économie, des Finances et de l'Industrie. Ce document est consultable sur le site de ce ministère et sur celui du Conseil général des Mines.

Dans une étude que nous avons réalisée en 1999[1], nous en donnons une définition plus complète en termes de situations : « *L'entrepreneuriat peut être défini, simplement, par des situations particulières, créatrices de richesses économiques et sociales, caractérisées par un degré élevé d'incertitude, donc l'existence de risques, dans lesquelles des individus sont impliqués très fortement et doivent développer des comportements basés notamment sur l'acceptation du changement et des risques associés, la prise d'initiative et le fonctionnement autonome. Ces situations peuvent concerner :*

- *la création d'entreprise ou d'activité par des individus indépendants ou par des entreprises,*
- *la reprise d'activité ou d'entreprise, saine ou en difficulté, par des individus indépendants ou par des entreprises,*
- *le développement et le management de certains projets « à risque » dans des entreprises,*
- *le cadre et l'esprit d'exercice de certaines responsabilités ou fonctions dans des entreprises.* »

Nous donnons une définition plus complète de l'entrepreneuriat en termes de situations.

Les Anglo-saxons, et plus particulièrement les Américains, utilisent souvent, depuis le début des années 90, une définition qui est l'œuvre d'un professeur de Harvard, Howard Stevenson, qui stipule que l'entrepreneuriat est un concept qui couvre l'identification des opportunités d'affaires (par des individus ou des organisations), leur poursuite et leur concrétisation, indé-

1. Fayolle A., *L'enseignement de l'entrepreneuriat dans les universités françaises : analyse de l'existant et propositions pour en faciliter le développement,* rapport réalisé en 1999 pour la direction de la Technologie du ministère de l'Éducation nationale, de la Recherche et de la Technologie. Ce document est consultable sur le site du ministère de la Recherche.

pendamment des ressources directement contrôlées. Cette vision de l'entrepreneuriat introduit la notion d'opportunité et présuppose qu'il y a toujours dans une situation entrepreneuriale une tension forte entre les ressources disponibles et contrôlées et les ressources nécessaires pour transformer l'opportunité.

Dans le même ordre d'idée, l'entrepreneuriat peut être vu comme un processus qui peut prendre place dans différents environnements et sous différentes configurations et introduit des changements dans le système économique à travers des innovations apportées par des individus ou des organisations. Ces innovations génèrent des opportunités économiques ou y répondent, et la résultante de ce processus est une création de richesses économiques et sociales à la fois pour ces individus et pour la société.

Ce regard, très actuel, porté sur l'entrepreneuriat met en relief la notion de création de richesse ou de création de valeur, laquelle constitue l'une des deux dimensions proposées par Christian Bruyat[1] pour baliser le champ de l'entrepreneuriat. Pour lui, une situation entrepreneuriale peut être appréciée suivant deux axes. Le premier indique quel est le degré de changement pour l'individu, quel est le niveau de risque, dans l'accès à la fonction entrepreneuriale. Le second permet d'évaluer l'intensité de la création de valeur à travers le potentiel contenu dans un projet ou dans une innovation. L'avantage de cette approche est qu'elle permet de qualifier les situations entrepreneuriales en fonction de deux critères précis et donc, de

1. Bruyat C., 1993, *Création d'entreprise : contributions épistémologiques et modélisation,* thèse de doctorat en sciences de gestion, université Pierre Mendés-France de Grenoble.

distinguer, dans le champ, des zones de fort consensus et d'autres où le qualificatif « entrepreneurial » est très discutable. À titre d'exemple, dans la pensée de Christian Bruyat, la création d'entreprise technologique et innovante apparaît comme une situation par rapport à laquelle le consensus est unanime. À l'opposé, l'intrapreneuriat[1] correspond à des contextes d'action beaucoup plus contestables et d'ailleurs contestés.

Dans toutes ces tentatives de définition nous retrouvons, d'une façon plus ou moins explicite, entre autres notions, celles d'individu, d'action, d'innovation, d'opportunité, de risque, d'organisation, de création de valeur. Tout cela constitue, à n'en pas douter, un ensemble de conditions nécessaires et peut être suffisantes pour que l'entrepreneuriat existe.

Il n'y a donc pas de définition définitive : le phénomène entrepreneurial lui-même étant complexe, équivoque et multidimensionnel, nous l'avons déjà souligné. Il nous semble néanmoins essentiel de cadrer les choses. Un des intérêts d'une définition est d'essayer de répondre aux objectifs d'un travail et permettre à d'autres personnes de bien comprendre le travail qui a été fait. C'est ce que nous avons essayé de faire pour terminer ce chapitre en développant une vision de l'entrepreneuriat en rapport avec une problématique d'éducation et d'enseignement.

Dans cette perspective, Il nous semble que le concept d'entrepreneuriat, est relié à trois registres différents et concerne deux dimensions de l'action organisée dans le cadre du processus entrepreneurial.

1. L'intrapreneuriat est l'entrepreneuriat appliqué à une organisation existante. Il s'agit souvent d'une grande entreprise.

Ces trois registres sont :

- l'état d'esprit,
- les comportements,
- les situations.

Alors que les deux dimensions de l'action ainsi organisée sont :

- la dimension individuelle,
- la dimension collective.

L'entrepreneuriat peut, en effet, s'adresser à un individu, une équipe ou une entreprise.

L'état d'esprit

L'esprit d'entreprendre est caractérisé par l'attachement à des valeurs et à la réalisation d'un objectif.

Pour un individu on va parler d'esprit d'entreprendre. S'agissant d'une entreprise ou d'un groupe on soulignera sa culture entrepreneuriale. Comment peut-on caractériser l'état d'esprit de cet individu ou celui qui règne dans l'équipe ou l'entreprise concernées ? Cela peut être envisagé à travers des valeurs, comme le sens du risque, de l'initiative ou de tout ce qui est lié à la réalisation d'un objectif, et des attitudes générales comme la responsabilité ou la volonté de changement.

Qui peut transmettre ces valeurs et ces attitudes ? Qui peut donner l'esprit d'entreprendre ou une culture entrepreneuriale ? Au niveau d'un individu, ce peut être la famille, bien évidemment, mais aussi l'école (le système éducatif), la société et les milieux sociaux liés à des espaces géographiques ou à des professions. Pour une entreprise, ces valeurs peuvent venir du fondateur, des dirigeants ou de l'environnement. Elles peuvent aussi résulter d'actions de formation et d'opérations planifiées visant à réaliser des changements culturels. Il apparaît évident que l'enseignement et la formation peuvent contribuer au développement de l'esprit d'entreprendre et de la culture entrepreneuriale. Les actions de sensibilisation, basées sur l'exemplarité et l'utilisation de modèles, jouent notamment un rôle important dans la transmission de ces valeurs et attitudes.

Les comportements

Les comportements individuels et collectifs tournent autour de la prise et de l'acceptation des risques, de l'orientation vers les opportunités (identification, saisie, transformation en une réalité économique profitable), de la prise d'initiative et de responsabilité, de la résolution de problèmes de management, du travail en équipe et en réseau. Les comportements, d'une certaine façon, peuvent être vus comme des manifestations concrètes et tangibles de l'état d'esprit.

Les comportements entrepreneuriaux tournent autour de la prise de risques.

Comment développer ces comportements ou transformer des comportements jugés peu entrepreneuriaux ? Cela peut être obtenu, dans des actions de formation, en privilégiant la méthode des cas ou bien en concevant des situations pédagogiques (simulées ou réelles), dans lesquelles il y aura une implication des participants, et qui permettront de mettre en œuvre ces comportements avec un retour d'expérimentation. Il est possible de travailler certains comportements et de progresser en parvenant à mieux maîtriser certains aspects liés au fonctionnement individuel. Ce travail sur les comportements utiles dans l'acte d'entreprendre est très souvent réalisé à travers des pédagogies par et pour l'action et relève d'un mode d'apprentissage précis désigné par l'expression : *« learning by doing »*.

Les situations

Les situations entrepreneuriales sont relativement connues, et nous en avons déjà évoquées quelques unes. Essayons d'en donner une liste assez complète :

- création d'entreprise *ex nihilo* (en reproduisant, imitant ou en innovant),
- création d'entreprise par essaimage,
- création d'entreprise en franchise,
- reprise d'entreprise saine ou en difficulté,
- création d'activités, développement de produits nouveaux, direction de centres de profit, dans des entreprises existantes.

Ces situations sont très différentes les unes des autres, même si des invariants apparaissent : incertitude, risques, changement, création de valeur, dialogique homme/projet. Les situations entrepreneuriales peuvent être la résultante de choix librement consentis, être liées au hasard ou encore à la nécessité.

Les situations entrepreneuriales sont relativement connues.

Ces situations peuvent faire l'objet d'enseignements. Des connaissances peuvent être produites à travers la recherche et transférées à des publics distincts par l'intermédiaire du système éducatif. Des étudiants peuvent être confrontés à des situations fictives (projets de création d'entreprise développés en équipe, concours de création d'entreprise...) ou réelles (missions, projet personnel de création...). Tout cela correspond, de notre point de vue, à des processus pédagogiques distincts et à des cadres d'enseignement particuliers.

Ces trois registres et ces deux niveaux d'action peuvent être combinés et se retrouver dans différentes formes d'entrepreneuriat que nous regroupons au sein de trois familles :

- entreprendre pour son propre compte (créer, reprendre),
- entreprendre pour le compte d'une entreprise (intraprendre),
- entreprendre pour le compte de la société (actions humanitaires, associatives).

Pour nous, il est légitime de considérer qu'en 1954, lorsqu'il a créé les Compagnons d'Emmaüs pour tenter de résoudre un problème sociétal majeur, l'Abbé Pierre s'est comporté comme un entrepreneur et s'est retrouvé dans une situation entrepreneuriale. Patrick Fauconnier a une approche encore plus large de *« l'entreprenant »*, quand il évoque les noms de Coluche, Florence Arthaud, Édith Piaf, Bernard Kouchner, Jacques-Yves Cousteau[1].

Disposant de ces éclairages basiques sur l'entrepreneur et l'entrepreneuriat, nous pouvons maintenant pousser plus loin nos investigations et nous intéresser aux apports de la création d'entreprise et d'activités à notre système socio-économique.

1. Fauconnier P., 1996, *Le talent qui dort – la France en panne d'entrepreneurs*, Paris : éditions du Seuil.

Comprendre les enjeux économiques et sociaux

« Les pays, les professions, les entreprises qui innovent et se développent sont surtout ceux qui pratiquent l'entrepreneuriat. Les statistiques de croissance économique, d'échanges internationaux, de brevets, licences et innovations pour les trente dernières années établissent solidement ce point : il en coûte cher de se passer d'entrepreneurs. » Ces propos tenus par Octave Gélinier, en 1978, dans un numéro de la Revue Française de Gestion sont toujours d'actualité. Ils montrent qu'il est nécessaire de dépasser le cadre strict de la création d'entreprise pour prendre complètement la mesure de l'importance du phénomène entrepreneurial dans nos économies et nos sociétés. Nous allons nous inscrire dans cette perspective pour essayer de présenter tous les apports du phénomène en évoquant, au passage, les enjeux qui y sont liés.

Il faut dépasser le cadre de la création d'entreprise pour prendre la mesure du phénomène entrepreneurial.

Pour analyser les apports de l'entrepreneuriat à l'économie, il convient d'approfondir les effets que ce phénomène provoque au niveau de la croissance économique, de l'innovation, du renouvellement du parc d'entreprises ou de la création d'emplois. Sans omettre d'évoquer sa contribution aux mouvements de restructuration et/ou de pérennisation de tout ou partie du tissu économique.

La croissance économique

De nombreuses études ont été réalisées sur le rôle de la création d'entreprise dans la croissance économique.

De nombreuses études ont été réalisées, qui concernent prioritairement le rôle de la création d'entreprise dans la croissance économique d'un pays. Un programme de recherche international (Global Entrepreneurship Monitor) a fait de ce point son objectif prioritaire. Un modèle est proposé pour étudier les liens entre le dynamisme entrepreneurial et la croissance économique définie à l'aide de deux indicateurs : la Production Intérieure Brute et la variation de l'emploi.

Le dynamisme entrepreneurial dépend des opportunités (leur existence et leur perception) et de la capacité des individus à entreprendre (leurs compétences et leurs motivations). Il joue un rôle primordial dans les processus de développement économique et plus particulièrement dans les mouvements de créations, d'expansions, de restructurations et de disparitions d'activités et d'entreprises. Le modèle GEM fait dépendre le dynamisme entrepreneurial de conditions-cadres pour entreprendre qui comprennent le financement, les politiques gouvernementales, les programmes spécifiques, l'enseignement et la formation, les transferts de technologie, l'infrastructure légale et commerciale, le degré d'ouverture du marché intérieur, les infrastructures matérielles et les normes socioculturelles.

Ce modèle fonctionne depuis plusieurs années et évolue au fur et à mesure des expérimentations. Les résultats de l'année 2000 confirment, une fois de plus, que l'activité entrepreneuriale est fortement associée à la croissance économique, si l'on compare des pays de structures économiques similaires. Le niveau de corrélation est particulièrement élevé pour les pays du G7, à l'exception, peut-être, de la France qui présente à la fois un faible taux d'activité entrepreneuriale et un taux de croissance supérieur à la moyenne des pays développés engagés dans le programme d'études. Aujourd'hui, on a encore beaucoup de difficultés à quantifier le rôle de la création d'entreprise et à le positionner parmi d'autres apports à la croissance économique tels que ceux qui proviennent des grandes entreprises ou des PME.

L'INNOVATION

L'entrepreneuriat et l'innovation sont associés depuis que l'économiste autrichien Joseph Schumpeter a évoqué la force du processus de « destruction créatrice » qui caractérise l'innovation. L'idée contenue dans cette expression à première vue paradoxale est que l'émergence de nouvelles entreprises innovantes met très souvent en difficulté, voire entraîne la disparition, d'entreprises existantes, installées dans leurs secteurs d'activité et qui n'ont pas su (ou pu) adapter leurs produits, leurs services ou renouveler leurs technologies. D'après Schumpeter, les entrepreneurs constituent le moteur de ce processus de « destruction créatrice » en identifiant les opportunités que les acteurs en place ne voient pas et en développant les technologies et les concepts qui vont donner naissance à de nouvelles activités économiques.

Les entrepreneurs identifient les opportunités que les acteurs en place ne voient pas.

Comme très bon exemple de « destruction créatrice », citons la production et la commercialisation de la calculatrice électronique, au milieu des années 70, par des entreprises telles que Texas Instruments et Hewlett Packard. À l'époque, ce produit innovant a bouté hors du marché les producteurs de règles à calculer, et notamment l'entreprise française Graphoplex, qui ne disposaient pas du capital technologique sur lequel était fondée l'innovation.

La fonction d'innovation est donc importante et fait de l'entrepreneur un vecteur du développement économique. Les entrepreneurs doivent chercher les sources d'innovation, les changements et les informations pertinentes sur les opportunités créatrices. Ils doivent connaître, appliquer et maîtriser les principes qui permettent de mettre en œuvre les innovations, avec les meilleures chances de réussite. Le changement constitue donc une norme habituelle pour l'entrepreneur qui sait aller le chercher, agir sur lui et l'exploiter comme une opportunité.

Les économistes qui ont vu en cela l'une des fonctions importantes de l'entrepreneur se rejoignent en général sur une conception large de l'innovation qui trouve son origine ou ses fondements dans :

- l'imprévu : la réussite, l'échec, l'événement extérieur inattendu,
- la contradiction entre la réalité telle qu'elle est et telle qu'elle devrait être ou telle qu'on l'imagine,
- la permanence des besoins structurels,
- le changement qui bouleverse la structure de l'industrie ou du marché, et prend tout le monde au dépourvu,
- les changements démographiques,
- les changements de perception, d'état d'esprit et de signification,
- les nouvelles connaissances, scientifiques ou non.

Les exemples de nouvelles entreprises innovantes et d'entrepreneurs qui ont apporté des innovations importantes ne manquent pas. Dans le domaine de l'informatique, Apple, Lotus, Digital constituent des références en la matière avec leurs fondateurs Steve Jobs, Steve Wozniak, Mitch Capor et Ken Olsen. Dans d'autres secteurs, nul n'a oublié que le développement de l'entreprise Ford, au début du siècle précédent, est pour une grande part lié au génie de son créateur Henry Ford qui a innové en introduisant, avec succès, dans la production d'automobiles les principes de l'organisation scientifique du travail. Dans un registre quelque peu différent, Akio Morita, fondateur de Sony, innove avec le walkman en offrant une nouvelle combinaison d'éléments existants. En France, l'entreprise Technomed est créée par un ingénieur qui propose un nouveau procédé destiné à éliminer les calculs rénaux. Truong Trong Thi innove lorsqu'il met au point le Micral, premier micro-ordinateur français. Francis Bouygues crée une entreprise qui va révolutionner l'industrie du bâtiment.

Certes, l'innovation n'est pas uniquement l'œuvre des entrepreneurs. Mais, nous inscrivant dans la pensée de Schumpeter, nous pensons que les entrepreneurs introduisent beaucoup plus fréquemment que les autres acteurs, les innovations de rupture. Les grandes entreprises utilisent davantage leurs ressources pour améliorer les produits et les processus en apportant des innovations incrémentales.

Le renouvellement du parc d'entreprises

Les créations et les reprises d'entreprises permettent de renouveler le parc d'entreprises français dans un proportion qui évolue, d'une année sur l'autre, autour de

Les créations et les reprises d'entreprises permettent de renouveler le parc d'entreprises français dans une proportion qui évolue, d'une année sur l'autre, autour de 10 %.

10 %. Cela signifie que, chaque année, les phénomènes combinés de création et de reprise d'entreprises contribuent à injecter ou à maintenir dans un parc d'environ 2 millions d'entreprises un ensemble de plus de 200 000 unités. Ceci est considérable et apporte un contrepoids au nombre d'entreprises qui cessent leurs activités et disparaissent du paysage. Même si les statistiques sur les cessations d'activités sont sujettes à caution, les données disponibles montrent que durant la dernière décennie, il y a eu une compensation relative entre les créations et les disparitions d'entreprises.

La création d'emplois

La création d'entreprise apparaît comme une réponse au problème du chômage.

Depuis le début des années 70, la création d'entreprise apparaît comme une source potentielle d'emplois et une réponse au problème du chômage. Des chiffres sont, en général, prudemment avancés pour tenter de quantifier le nombre d'emplois générés par la création d'entreprise. La difficulté principale réside dans la définition qui est donnée au mot « emploi » : s'agit-il d'emplois directs ou d'emplois induits, d'emplois créés ou d'emplois pérennisés, d'emplois à temps plein ou d'emplois à temps partiel ? Face au manque de précision et à l'incertitude ambiante, ce sont les convictions ou les tempéraments (optimiste/pessimiste) qui s'expriment. Malgré tout, on peut considérer, en nous appuyant sur des travaux de l'APCE, que la création d'entreprise contribuerait à créer environ 400 000 à 450 000 emplois, alors que la reprise d'entreprises permettrait de sauvegarder environ 300 000 emplois. Il s'agit bien, ici, d'emplois créés ou sauvegardés au moment de l'acte entrepreneurial, et non pas d'emplois pérennisés, au bout d'une période de cinq ans par exemple.

Les restructurations du tissu économique

La création d'entreprise accompagne très souvent fortement les processus de mutations structurelles et de changements de l'environnement politique, technologique, social ou organisationnel. Ces mutations et ces changements génèrent de l'incertitude et de l'instabilité qui vont être à l'origine de l'apparition d'opportunités de création de nouvelles activités économiques. De plus, dans une logique de maintien du tissu productif, l'entrepreneuriat, à travers la capacité d'entreprendre de personnes physiques, apporte une solution au problème de la transmission de nombreuses entreprises qui pourraient disparaître, faute de repreneurs.

La création d'entreprise accompagne les processus de mutations structurelles.

Le développement des activités tertiaires pour compenser l'effondrement des secteurs industriels doit beaucoup à la création d'entreprise. L'arrivée de l'Internet et des nouvelles technologies liées à l'informatique et à la communication a permis à de nombreux entrepreneurs potentiels d'exploiter concrètement des opportunités. La transformation radicale des relations Est/Ouest et l'ouverture des pays de l'Est à l'économie de marché a également offert de très nombreuses occasions de création d'activités.

La création d'entreprise est enfin un vecteur puissant de réinsertion sociale. Elle permet, en effet, à des chômeurs de plus ou moins longue durée, dans certaines conditions, de retrouver un emploi créé, grâce à leur sens de l'initiative, à leur ténacité et à leur état d'esprit favorable au fait d'entreprendre.

Les apports aux entreprises et aux institutions

Les entreprises et les institutions doivent acquérir et développer des compétences entrepreneuriales.

Les entreprises, ainsi que certaines institutions, cherchent à développer, à retrouver ou à conserver certaines caractéristiques entrepreneuriales comme la prise d'initiatives, la prise de risques, l'orientation vers les opportunités, la réactivité ou la flexibilité. Pour cela, elles n'hésitent pas à s'engager dans des démarches de changement, et parfois même de transformation, assez lourdes et consommatrices d'énergie et de ressources. Peter Drucker, reconnu comme un personnage influent dans le domaine des idées et des pratiques de management, affirme en 1985 : « *Today's businesses, especially the large ones, simply will not survive in this period of rapid change and innovation unless they acquire entrepreneurial competence.* » Le mot est lancé : les entreprises et les institutions doivent, dans ce monde très changeant où tout s'accélère, acquérir et développer des compétences entrepreneuriales. La question est : comment ? Nous allons aborder successivement deux thèmes qui renvoient à l'organisation et à l'état d'esprit.

Une première idée force est de revoir les conditions de structuration et d'organisation des entreprises, car il n'est pas possible d'avoir l'agilité de la gazelle quand on est dans une configuration d'éléphant. Au cours des 20 ou 30 dernières années, de nombreux propos de dirigeants d'entreprises ou de consultants contiennent plus ou moins cette idée. Un des premiers à l'avoir exprimée ouvertement est Norman Macrae, journaliste américain de « The Economist », en 1976 qui lance avec un brin d'humour le concept d'intrapreneuriat : « *The world is probably drawing to the end of the era dominated by very big business corporations, except those big corporations that manage to turn themselves into confederations of entrepreneurs... The right size for a profit centre or entrepreneurial group... is going to be very small, generally not more than 10 or 11 people, however dynamic your own top management. Jesus Christ tried 12, and he found that one too many.* » Quelques années plus tard, en 1989, un dirigeant d'entreprise japonaise indique les clés de sa réussite : « *The key to my system is the guiding principle that big things stagnate and small ones grow... So, before any company in my group becomes too big and begins to lose its drive, we divide it.* » Pendant très longtemps on a dit à propos des petites structures : « *small is beautiful* », pour souligner leur côté informel et convivial ; aujourd'hui, on ajoute de plus en plus souvent : « *small is powerful* », pour indiquer que la performance est également associée à l'organisation de petite taille. Et il y a là, à l'évidence, une piste de réflexion suggérée explicitement dans ce dernier propos que nous rapportons : « *Huge companies like IBM, Philips and General Motors must break up to become confederations of small autonomous entrepreneurial companies if they are to survive.* »[1]

Très souvent, les entreprises et les institutions disent rechercher l'esprit d'entreprise (ou plutôt l'esprit d'entreprendre) qui semble leur faire défaut ; c'est ainsi que Claude Allègre déclarait au journal *Les Échos*, le 3 février 1998 : « *Je veux instiller l'esprit d'entreprise dans le système éducatif.* » Une publicité récente de Hewlett Packard affirmait que l'objectif de l'entreprise était de retrouver « *l'esprit du garage* », c'est-à-dire l'état d'esprit qui prévalait lors de la création de l'entreprise, dont l'histoire nous dit qu'elle s'est passée, pour partie,

1. Naisbitt J., *The Global Paradox*, William Morrox and Company inc., 1993.

dans un garage, compte tenu de l'insuffisance des ressources dont disposaient ses créateurs.

La deuxième idée force concerne donc l'état d'esprit qui doit évoluer parce que le monde lui-même a changé. On perçoit très distinctement l'importance de l'état d'esprit dans cette autre phrase de Claude Allègre, alors Ministre de l'Éducation Nationale et de la Recherche, extraite du même article du journal *Les Échos* : « *L'objectif, qui concerne l'enseignement supérieur en général, est d'habituer les gens à créer des entreprises en étant jeunes et d'inventer de nouvelles techniques. Je voudrais plus d'innovateurs et moins de savants.* » L'esprit d'entreprendre intéresse au plus haut point les entreprises et les institutions en raison des caractéristiques qu'il révèle comme l'encouragement à l'imagination, à l'adaptabilité et à la volonté d'accepter des risques. Mais, au fond, il y a eu assez peu de tentatives d'approfondissement de cette notion essentielle du domaine de l'entrepreneuriat. Que recouvre-t-elle exactement ?

L'approche qui nous semble la plus intéressante est proposée par Howard Stevenson et David Gumpert dans un article publié, à l'origine, dans « Harvard Business Review » et traduit, en 1985, dans la revue « Harvard-L'Expansion »[1]. Le titre de l'article, « Au cœur de l'esprit d'entreprise », exprime bien l'intention des auteurs qui souhaitent proposer au lecteur une véritable approche clinique de l'esprit d'entreprise. Stevenson et Gumpert décrivent concrètement les modes de pensée et de comportement des entrepreneurs, les questions qu'ils se posent et les démarches de résolu-

1. Stevenson H.H., Gumpert D.E., *Au cœur de l'esprit d'entreprise, Harvard-L'Expansion,* Automne, 1985.

tion de problèmes qu'ils mettent en œuvre, leur approche des opportunités et des ressources nécessaires pour les transformer, les options qu'ils prennent en matière de choix organisationnels et managériaux. Les auteurs montrent que les comportements de l'entrepreneur s'opposent à ceux de l'administrateur, autre figure de manager dont les préoccupations s'attachent essentiellement à assurer un bon contrôle des ressources gérées et à réduire les risques. L'acte d'entreprendre correspond, d'après eux, à une approche particulière du management définie par la création ou la reconnaissance et la transformation d'une opportunité, indépendamment des ressources contrôlées directement. L'entrepreneur a des comportements spécifiques, différents de ceux de l'administrateur et les entreprises qui veulent développer leur esprit d'entreprise, c'est-à-dire leur propension à innover, leur souplesse, leur dynamisme et un certain goût du risque, doivent être attentives à ces différences comportementales.

Stevenson et Gumpert montrent qu'elles portent sur, au moins, cinq dimensions clés :

- l'orientation stratégique : alors que l'entrepreneur est stimulé par toute opportunité d'affaires nouvelle, l'administrateur est guidé par le contrôle des ressources,
- le délai de réaction vis-à-vis des opportunités : pour l'entrepreneur il est extrêmement court, parce que ce dernier est très orienté vers l'action, alors que pour l'administrateur ce délai est plus important en raison de la recherche permanente d'une réduction des risques,
- l'investissement en ressources : l'entrepreneur s'efforce d'utiliser d'une façon optimale les ressources qu'il a pu réunir ; il le fait au cours d'un

processus comprenant de nombreuses étapes et, à chaque fois, un minimum de risques. L'administrateur n'utilise qu'une seule étape avec un investissement global correspondant à l'ensemble des ressources nécessaires à la transformation de l'opportunité,

- le contrôle des ressources : l'entrepreneur utilise ponctuellement et avec beaucoup de flexibilité des ressources qui, en règle générale, ne lui appartiennent pas, alors que l'administrateur, pour des raisons de coordination des activités et d'efficacité, est souvent propriétaire des ressources utiles (humaines, matérielles),
- la structure de l'entreprise : l'entrepreneur met en place des structures horizontales avec de nombreux réseaux informels ; l'administrateur s'appuie sur une structure hiérarchisée et plus bureaucratique.

Certes, ces figures de manager « entrepreneur » et de manager « administrateur » correspondent à des idéaux-types, et dans la réalité il convient de nuancer les portraits et les situations. Mais elles présentent l'avantage d'indiquer des voies à suivre et des axes de travail en vue d'acquérir et/ou de développer un esprit d'entreprise, soit à un niveau individuel, soit à un niveau collectif. Pour les entreprises et les institutions, les possibilités de développement entrepreneurial sont clairement indiquées, de même que le cheminement qui permet d'envisager de faire évoluer une entreprise d'un type d'organisation bureaucratique vers un type d'organisation plus adaptable et plus entreprenante.

L'entrepreneuriat représente aujourd'hui un marché

Comme nous avons essayé de le démontrer dans ce chapitre, la création d'entreprise et l'entrepreneuriat correspondent à des enjeux socio-économiques majeurs et font l'objet d'une demande sociale émanant de nombreux acteurs :

- les États des pays développés et notamment l'État français qui utilisent la création d'entreprise comme une des solutions possibles au problème du chômage, un moyen indispensable au renouvellement du tissu productif, un levier efficace au lancement et au développement d'activités innovatrices et rapidement exportatrices ;
- les collectivités territoriales qui voient dans la création d'entreprise un moyen de procéder à un rééquilibrage du tissu économique local et de compenser les destructions d'emplois des grandes entreprises (celles-ci se recentrant, de plus en plus, sur leur métier et délocalisant ou externalisant certaines de leurs activités). L'outil privilégié des collectivités territoriales, dans leur démarche de soutien et d'accompagnement des initiatives de création et de reprise d'entreprises, reste la pépinière d'entreprises, ce qui explique qu'un nombre important de collectivités locales fassent fonctionner leur propre structure ;
- les grandes entreprises qui s'efforcent de procéder à des reconversions de sites industriels en favorisant l'essaimage ou en participant activement à la création et au développement d'entreprises dans les territoires concernés. Par ailleurs, les grandes entreprises utilisent ces démarches pour stimuler en leur sein l'esprit d'entreprise et

d'innovation et favoriser l'émergence d'activités nouvelles et innovatrices ;

- les institutions financières (sociétés de capital risque, banques) qui s'intéressent à cette clientèle nouvelle et essaient d'identifier le plus tôt possible les jeunes entreprises à potentiel de développement élevé ;
- les individus enfin (étudiants, salariés, chômeurs) qui voient dans la création d'entreprise, en fonction de leur situation personnelle et de leur motivation, un moyen de réinsertion professionnelle et sociale, une façon de maîtriser son destin, de s'accomplir ou de satisfaire un besoin élevé d'indépendance ou d'autonomie. Ils souhaitent mettre un maximum d'atouts de leur côté avant de s'engager dans une démarche réputée exigeante et consommatrice de temps, d'énergie et d'argent.

La création d'entreprise et l'entrepreneuriat font l'objet d'une demande sociale émanant de nombreux acteurs.

Face à l'importance de cette demande sociale, un véritable marché de la création d'entreprise et de l'entrepreneuriat s'est structuré et organisé. De nombreux intervenants proposent des prestations et des produits dans les domaines de l'éducation et de la formation (universités, écoles de commerce et d'ingénieurs, organismes consulaires, sociétés de formation), du conseil et de l'assistance (cabinets privés, experts comptables, conseils juridiques), de l'immobilier d'entreprise, de la presse et de l'édition. Le fonctionnement et le développement de ce marché, et la mise en évidence d'enjeux économiques et sociaux majeurs pour notre pays, justifient que la création d'entreprise puisse être au centre d'une problématique d'adaptation et de développement qualitatif de notre système éducatif, d'autant plus que l'entrepreneuriat peut, nous semble-t-il, étendre encore son champ d'application, comme nous allons essayer de le démontrer dans le chapitre suivant.

Savoir décoder les évolutions en cours dans notre société

De multiples raisons ont été avancées pour tenter d'expliquer l'intérêt que portent la société française et son système éducatif à l'entrepreneuriat. L'enseignement de l'entrepreneuriat est alimenté par une forte demande sociale qui s'appuie sur de solides arguments justifiant l'acte entrepreneurial. Ce dernier rend possible, en effet, des changements d'envergure dans les domaines économique, politique, technologique et social. Comme nous l'avons découvert dans le chapitre précédent, l'entrepreneuriat contribue au renouvellement du parc d'entreprises, à la création d'emplois et au développement des innovations. Par ailleurs, il constitue peut-être une partie de la réponse aux questions que pose l'émergence d'une société post-salariale. La diffusion de l'esprit d'entreprendre peut modifier progressivement notre culture et notre so-

L'enseignement de l'entrepreneuriat est alimenté par une forte demande sociale.

ciété, dont beaucoup s'accordent à penser qu'elles sont encore aujourd'hui très peu entrepreneuriales[1].

Pour illustrer concrètement cela, il nous a paru utile de reprendre les propos tenus par un expert, interrogé dans le cadre d'une enquête que nous avons réalisée en 2001 sur le thème des enjeux liés au développement de l'enseignement de l'entrepreneuriat en France[2]. Ce qui est repris ici traduit assez bien le sentiment des autres personnes interrogées. *« Il m'apparaît important d'enseigner l'entrepreneuriat pour deux raisons principales. La première touche à l'épanouissement personnel : l'entrepreneuriat permet aux individus de développer leurs talents et leur créativité, de réaliser leurs rêves, d'acquérir une certaine indépendance, une sensation de liberté. Et même si l'entreprendre est souvent difficile (il y a beaucoup d'échecs), le fait d'avoir tenté de lancer une entreprise est un processus d'apprentissage en soi qui aide au développement de l'individu. L'enseignement de l'entrepreneuriat devrait surtout viser à développer le goût d'entreprendre (entrepreneuriat au sens large) et à stimuler l'esprit d'entreprise (entrepreneuriat dans un sens mercantile, dans le but d'obtenir un profit). La deuxième raison d'enseigner l'entrepreneuriat a trait*

1. Des études récentes le montrent tout particulièrement, comme celle qui a été réalisée en 1999 par le cabinet Arthur Andersen pour le compte de l'APCE, ou celle du GEM (Global Entrepreneurship Monotor) que nous avons déjà évoquées.
2. Cette enquête a été faite dans le cadre d'un travail qui nous avait été demandé par la direction de la Technologie du ministère de la Recherche.

à la dimension économique et sociétale. Si l'entrepreneuriat participe au développement individuel, il est aussi le moteur de la croissance économique dans une économie de marché. Élément central du processus entrepreneurial, l'entrepreneur est toujours à l'affût de nouvelles opportunités et met en œuvre des ressources pour développer ces opportunités. Ce faisant, l'entrepreneur met en marche un processus de "création destructrice" pour emprunter l'expression de Schumpeter : il crée une entreprise qui produit des innovations, lesquelles forceront les entreprises existantes à s'adapter ou à disparaître. Le niveau de développement et de croissance économique entre les pays à un moment donné ou, pour un pays, à différents moments, est le résultat de l'activité entrepreneuriale qui y règne. L'enseignement de l'entrepreneuriat est un outil essentiel pour développer une culture entrepreneuriale dans un pays. Au-delà du développement du goût d'entreprendre et de l'esprit d'entreprise, l'enseignement peut concourir à l'amélioration de l'image de l'entrepreneuriat et à mettre en valeur le rôle de l'entrepreneur dans la société. » Quelques compléments peuvent être apportés à cet avis. Ils viennent de points de vue exprimés par d'autres experts sollicités lors de l'enquête ici évoquée. C'est ainsi que l'enseignement de l'entrepreneuriat est vu comme un levier d'accroissement des taux de survie et de succès des entreprises créées. Il peut « *rendre la société française plus tolérante en matière de prise de risques, d'acceptation de l'innovation et de reconnaissance de l'initiative individuelle* ». Il constitue un excellent moyen de faire découvrir l'entreprise, d'apprendre son fonctionnement, de développer un esprit systémique, d'apprendre à penser l'entreprise d'une façon décloisonnée et globale et, enfin « *d'ouvrir l'objectif et sortir du point de vue binaire fonctionnaire/salarié ; c'est proposer un autre chemin pour une partie de la vie professionnelle ou pour toute sa durée »*.

Après ces avis d'experts, il nous semble utile de développer notre propre analyse des raisons qui amènent la société française à souhaiter le développement de l'enseignement de l'entrepreneuriat, comme un levier agissant sur l'accroissement des intentions d'entreprendre et des capacités à le faire. Il est important, nous semble-t-il, que la place et le rôle du phénomène entrepreneurial dans une société développée soit plus distinctement perçus et assimilés par toutes les composantes de la société et plus particulièrement par les jeunes générations.

L'entrepreneuriat, nous l'avons déjà évoqué, ne se résume et ne se limite pas à la création d'entreprise, aussi technologiques et innovantes que soient les entreprises en question. En France, l'entrepreneuriat correspond à des situations spécifiques, à un état d'esprit et à des comportements demandés (voire exigés) par la société et les entreprises françaises. Nous allons tenter d'étayer cette affirmation en soulignant la permanence et l'intensité des forces qui commandent les nombreuses évolutions affectant notre économie et nos entreprises. Ces évolutions indiquent de manière convergente la nécessité et l'émergence d'une société plus entrepreneuriale. Nous allons donc successivement examiner les tendances lourdes d'évolution pour les activités économiques, et analyser leurs conséquences, à tous les niveaux, en termes de stratégies et d'objectifs des entreprises, de structure de l'emploi, de structures des entreprises, de nouvelles formes d'organisation, de relations entreprises/individus ou de comportements individuels et, enfin, de nouvelles façons d'apprendre.

Quel scénario pour l'évolution des activités économiques ?

Nous avons connu une période de 150 ans d'intégration économique et sociale, de production de masse, de croissance de la production et de la productivité. Le point de départ de ce mouvement correspond à la « révolution industrielle », le point d'orgue étant représenté par ce que nous avons appelé les « trente glorieuses ». Des exemples peuvent être donnés d'entreprises « intégratrices » notamment sur un plan social, comme Michelin et le système très paternaliste et très protecteur mis en place dans la région de Clermont-Ferrand. La logique dominante est alors celle d'une économie de production.

Nous avons connu une période de 150 ans d'intégration économique et sociale.

Mais des points de fracture apparaissent un peu avant le premier choc pétrolier, en 1973, qui marque la fin des « trente glorieuses ». Peuvent être évoqués notamment :

- une pression des marchés de plus en plus forte, liée au basculement d'une économie de l'offre vers une économie de la demande, certains parlant même aujourd'hui d'une économie de solutions. Cette pression se caractérise par une personnalisation de plus en plus marquée de l'offre, chaque client voulant être considéré comme un « individu unique ». Cela est particulièrement vrai en ce qui concerne les marchés de grande consommation dans lesquels tout est fait pour séduire le client final en restant le plus près possible de ses attentes et de ses besoins : on lui propose des formes, des couleurs, des emballages, des cadeaux ; on personnalise à outrance la communication ; les options sont nombreuses. Ce n'est pas sans conséquences pour les entreprises qui opèrent dans ces marchés, car les contraintes de réduction des coûts ne s'atténuent pas pour autant. Dans ces conditions comment concilier ces deux logiques contradictoires : celle de l'unicité du produit et celle de son coût ? Les entreprises y répondent en complexifiant leur système d'offre, leur organisation industrielle et leur logistique[1] ;

- l'évolution des technologies et l'accélération du progrès scientifique et technique. Nous assistons à une véritable explosion du savoir scientifique et technologique applicable aux activités humaines. Au cours des 50 dernières années, la production des connaissances scientifiques et techniques a représenté environ 90 % des connaissances totales de l'humanité. Tout cela contribue à améliorer l'existant, à produire des innovations importantes, à réduire la durée de vie des produits et des technologies. Un bon exemple de ce foisonnement fécond est donné par les technologies et industries liées à l'informatique, l'électronique et les télécommunications ;
- l'internationalisation croissante des activités, le concept de mondialisation, l'interpénétration des systèmes et des cultures. Peu d'entreprises ne sont pas, directement ou indirectement, concernées par ces forces. Les territoires sont aujourd'hui de moins en moins locaux : ils tendent à être de plus en plus planétaires ;
- la pression d'actionnaires plus nombreux et davantage organisés. À titre d'exemple, il suffit de constater l'importance du pouvoir exercé par les fonds de pension sur de nombreuses grandes

1. Voir par exemple, le concept de « différentiation retardée ».

entreprises. Le salarié actionnaire, à travers les « stock options », joue également un rôle non négligeable dans le fonctionnement et la conduite des affaires. Parce que l'actionnariat est devenu, pour le salarié, un moyen d'augmenter sa rémunération (stock options) ou, pour qui le souhaite, un moyen d'effectuer un placement judicieux (fonds de pension), l'attitude et le comportement des actionnaires ont changé. Ils veulent désormais des retours de plus en plus rapides et posent généralement comme objectif premier la croissance de la rentabilité, ce qui amène les entreprises à se focaliser, sans doute d'une façon excessive, sur cet indicateur.

Ces pressions, ces points de fracture créent progressivement une nouvelle situation et donnent beaucoup de vigueur à une logique de désintégration des activités ; celles-ci vont s'organiser, s'ordonner et s'assembler en adoptant de nouvelles formes et configurations. Tout cela contribue à l'émergence de nouveaux types d'entreprises et de nouveaux comportements d'acteurs.

Quelles conséquences pour les entreprises et les individus ?

Les conséquences de tout cela sont observées d'abord en ce qui concerne les stratégies et les objectifs des entreprises : elles pratiquent de plus en plus l'externalisation et le recentrage sur le métier et les compétences de base. Sont toujours privilégiés et considérés comme des éléments incontournables les objectifs de réduction des coûts, d'amélioration de la qualité à tous les niveaux, d'accroissement de la rentabilité et d'amélioration de la flexibilité des outils et des structures.

L'externalisation est un phénomène qui s'amplifie et qui entraîne d'ailleurs, à travers l'essaimage, une croissance mécanique des petites et des très petites entreprises. C'est ainsi qu'au cours de la période 1976-1995, la part des entreprises de 1 à 19 salariés a progressé de 11 points, tandis que celle des entreprises dont l'effectif est supérieur à 500 personnes à perdu 10 points. Ces changements sont d'une ampleur considérable sur la structure de l'emploi et des entreprises ; ils renforcent le poids des TPE (Très Petites Entreprises, de 1 à 9 salariés, qui représentaient déjà un peu plus de 93 % des entreprises françaises) dans notre économie.

L'externalisation entraîne une croissance mécanique des petites et très petites entreprises.

On assiste à l'apparition et au développement de nouvelles formes de travail et d'organisation. Se développent rapidement aujourd'hui le travail indépendant et/ou autonome, le travail à domicile, à distance, à temps partiel et partagé, les activités multiples avec des multi-employeurs, le travail en groupe de projet et le travail en réseau, les sociétés de portage. Les activités concernent de plus en plus les services. L'entreprise industrielle du début du siècle laisse la place progressivement à une entreprise virtuelle, le tangible s'estompe au profit de l'immatériel. Les relations entreprises/individus évoluent elles aussi : moins d'emplois stables, plus d'emplois précaires ; émergence du concept de *« compétences »* qui se substitue aux notions éprouvées de poste et de qualification ; érosion du statut de cadre, spécifique à notre pays, très connoté socialement. Toutes ces évolutions tendent à vérifier la thèse de l'avènement d'une société post-salariale.

La conséquence de ces évolutions est (pourrait être), à un niveau individuel, que chacun est considéré comme un *« marchand de compétences »*, le marchand de ses propres compétences ; un tel regard sur l'individu au travail nous renvoie à la conception de l'entrepreneur qui avait cours hier. Les nouvelles bases de l'échange entre entreprises et individus, société et individus, semblent bien être celles des compétences utiles et reconnues.

De nouvelles façons d'apprendre

Ces différentes évolutions et mutations profondes remettent en cause l'éducation, la formation et l'apprentissage tels qu'ils étaient ou sont pratiqués jusqu'ici. Des interrogations nouvelles se font jour. Dans le contexte que nous essayons de décrire, des exigences fortes apparaissent et s'imposent aux organisations et aux individus. Il faut s'adapter, réagir, innover ; il faut affronter le changement, l'incertitude et la complexité. Tout cela pose, bien sûr, la question suivante : comment faire naître et transmettre de nouvelles aptitudes et capacités, en phase avec les évolutions et les caractéristiques de notre société ? Des interrogations sont adressées à la famille, à l'éducation, à l'école et à la formation.

Comment faire naître et transmettre de nouvelles aptitudes et capacités, en phase avec les évolutions et les caractéristiques de notre société ?

Comment développer la capacité créative ? Rappelons-nous à cet égard les mots, déjà cités plus haut, de Jean-René Fourtou : « *Les entreprises ont été surmanagées au détriment de la créativité... Le manque d'imagination et d'entrepreneurs, c'est la chute de nos sociétés. Aujourd'hui il n'y a plus que des gestionnaires.* »[1] Comment développer la capacité de changement ? « *Au lieu d'être offensifs,* écrit Henri Lachmann, *nous nous comportons de manière défensive : nous essayons de nous*

1. Jean-René Fourtou, PDG de Rhône-Poulenc (à l'époque), *Le Monde,* septembre 1993.

adapter à la situation quand il faudrait la changer. La plus grande partie de nos ressources, de notre énergie, de notre matière grise, de notre imagination est consacrée à un effort permanent pour ajuster les coûts et les structures. »[1] Comment développer la capacité d'anticipation ? Comment intégrer au quotidien des attitudes et des valeurs entrepreneuriales ? On trouve, d'une façon évidente, dans le propos qui suit une interrogation profonde sur l'adaptation et l'efficacité des systèmes de formation : « *Comment stimuler et développer la rigueur, la fierté, le travail en équipe, l'imagination, la culture du risque ?* »[2]

Les réponses partielles qui peuvent être apportées à toutes ces questions montrent que les compétences, les comportements et les attitudes des managers et des dirigeants d'entreprises, de nos jours, s'articulent autour des connaissances et compétences « *techniques* » ou professionnelles, celles qui correspondent à une formation classique (aujourd'hui, elles sont loin d'être suffisantes), de la capacité de diagnostic permanent et d'intelligence des situations sociales (entreprises, organisations, relations interpersonnelles), de la capacité décisionnelle et des comportements entrepreneuriaux. Nous y voilà, le mot est prononcé, l'entrepreneur incarne la flexibilité, la réactivité, la prise de risques, l'innovation, la création de valeurs et c'est parce qu'il apparaît comme « *l'homme de la*

1. Henri Lachmann, PDG de Strafor (à l'époque), *Le Monde,* septembre 1993.
2. Propos tenu par Jean-René Fourtou, lors d'un colloque organisé à Lyon, en septembre 1998, par l'Institut de l'Entreprise. Ce colloque portait sur l'esprit d'entreprendre dans les écoles et les universités. Il avait également pour objectif de rapprocher le monde de l'entreprise et celui de l'enseignement.

situation » qu'on essaye de transposer ses comportements et aptitudes dans d'autres champs d'action.

Ces mêmes réponses montrent à quel point il est nécessaire de privilégier, aujourd'hui, de nouvelles façons d'apprendre. Elles peuvent s'articuler autour de :

- la mise en situation pédagogique et la multiplication de ces situations ; elles peuvent être simulées ou réelles, reliées aux activités scolaires, professionnelles, ou à d'autres activités ; elles doivent permettre des confrontations au réel, l'exercice des responsabilités, le travail en équipe sur des projets, la prise d'initiatives et de risques calculés et assumés,
- l'apprentissage tout au long de la vie : apprendre à cultiver son jardin de compétences, comme un jardinier cultive son potager, pour ne pas prendre le risque de vivre des situations d'exclusion ; apprendre à entreprendre, en quelque sorte, en étant le plus souvent possible acteur et moteur de sa formation, car la façon d'apprendre est tout aussi importante que ce que l'on apprend.

Partie II

Les voies d'accès à l'acte d'entreprendre : par nécessité, par hasard, ou par choix réfléchi ?

« Face au monde qui change, il vaut mieux penser le changement que changer le pansement »

Francis Blanche, humoriste français

Identifier les parcours et les logiques qui conduisent à l'acte d'entreprendre

Naît-on ou bien devient-on entrepreneur ? Quelle est la part de l'inné et celle de l'acquis ? Quels sont les critères principaux, les motivations et les processus sur lesquels se fonde la décision d'entreprendre ? Ces quelques questions intéressent, depuis des années, des chercheurs en sciences humaines et sociales, des enseignants, des acteurs du milieu socio-économique et, d'une façon générale, toutes les personnes qui tentent de mieux cerner et comprendre les entrepreneurs. Les réponses, on s'en doute, ne sont pas évidentes, mais on est arrivé aujourd'hui à repérer l'importance de nombreux facteurs amenant un individu à devenir entrepreneur ; ils appartiennent grosso modo à quatre familles principales :

- celle des facteurs psychologiques,
- celle des facteurs sociologiques et culturels,
- celle des facteurs économiques,
- celle des facteurs contextuels.

Dans une première partie de ce chapitre, après avoir présenté quelques types d'entrepreneurs nous allons nous intéresser à ces différentes familles et à ce sur quoi elles sont construites. Nous poursuivrons notre cheminement en abordant, dans une seconde partie, les modèles principaux qui tentent de décrire et d'expliquer le processus entrepreneurial, c'est-à-dire, schématiquement, le passage de l'indifférence vis-à-vis du phénomène entrepreneurial à l'engagement, presque irréversible, dans l'acte d'entreprendre.

Les types d'entrepreneurs et les facteurs qui déterminent l'acte d'entreprendre

L'approche typologique présente un double intérêt. Tout d'abord, elle complète et affine le travail de définition de l'entrepreneur réalisé précédemment. D'autre part, chaque domaine typologique ainsi dégagé renvoie à des critères et à des dimensions qui constituent, d'une certaine façon, des facteurs essentiels de compréhension des entrepreneurs. Il existe donc des liens entre, d'une part, des types d'entrepreneurs et, d'autre part, des déterminants de l'acte d'entreprendre, des déterminants des comportements entrepreneuriaux. C'est pour cela que nous avons choisi de débuter cette section par les typologies et de la terminer par un développement portant sur les familles de facteurs se trouvant à l'origine de la décision d'entreprendre.

Une approche typologique pour repérer des « figures » d'entrepreneurs

Les figures typologiques proposées dans la littérature entrepreneuriale sont nombreuses. Notons au passage que les critères utilisés pour identifier des types d'entrepreneur prennent généralement en compte à la fois des caractéristiques personnelles et psychologiques, comme le besoin d'indépendance ou la réalité de certains antécédents familiaux, et des caractéristiques professionnelles, des objectifs poursuivis et des comportements développés au cours de l'éducation, liés par exemple au désir de croissance et au professionnalisme de la gestion. Une des toutes premières approches, qui date de 1967, propose deux figures d'entrepreneurs : l'entrepreneur artisan et l'entrepreneur opportuniste[1]. L'entrepreneur artisan possède peu d'éducation mais une forte compétence technique. Le travail constitue le centre d'intérêt de cet entrepreneur et il adopte volontiers une attitude paternaliste au sein de son entreprise. Il craint d'en perdre le contrôle et en refuse généralement la croissance. L'entrepreneur opportuniste offre un profil presque opposé au précédent. Il possède, en effet, un niveau d'éducation plus élevé, et ses expériences de travail sont diversifiées et nombreuses. Cet entrepreneur s'identifie plus à la gestion, et ses comportements habituels l'écartent du paternalisme, alors qu'il accorde une place importante à la croissance et au développement de l'entreprise, même s'il lui faut pour cela perdre un peu d'indépendance. On retrouve très fréquemment, dans de nombreuses autres approches typologiques, ces deux types génériques d'entrepreneurs.

Une des premières approches typologiques propose deux figures d'entrepreneur : l'entrepreneur artisan et l'entrepreneur opportuniste.

1. On peut trouver une présentation de cette typologie dans les travaux de Lorrain J. et Dussault L., « Les entrepreneurs artisans et opportunistes : une comparaison de leurs comportements de gestion », *Revue Internationale PME,* 1988, vol. 1, n° 2, pp. 157-176.

J. Laufer, dans une étude réalisée entre 1950 et 1970, a analysé soixante cas de création d'entreprise[1]. En croisant la motivation dominante à la création d'entreprise et les buts principaux de l'entrepreneur, son étude met en évidence quatre types d'entrepreneurs :

- l'entrepreneur manager ou innovateur. Formé dans une Grande École, il a connu une carrière brillante dans des grandes entreprises. Ce type d'entrepreneur est motivé par les besoins de création, de réalisation et de pouvoir. Ses buts s'articulent prioritairement autour de la croissance et de l'innovation.
- l'entrepreneur propriétaire orienté vers la croissance. L'objectif de croissance est également présent pour cet entrepreneur, mais l'autonomie financière représente aussi pour lui un objectif important ; la recherche d'équilibre entre croissance et autonomie constitue donc une de ses préoccupations permanentes. Ses motivations pour la création d'une entreprise sont proches de celles de la figure précédente, avec un besoin de pouvoir beaucoup plus marqué.
- l'entrepreneur refusant la croissance mais recherchant l'efficacité. Cet entrepreneur choisit clairement un objectif d'indépendance et refuse la croissance qui pourrait l'amener à ne pas atteindre ce but prioritaire. Ses motivations sont beaucoup plus centrées sur les besoins de pouvoir et d'autorité. Très fréquemment, l'orientation technique de l'entrepreneur et de l'entreprise est fortement présente.

1. Laufer J., « Comment on devient entrepreneur », *Revue Française de Gestion,* 1975, n° 2, pp. 11-26.

- l'entrepreneur artisan. On retrouve là une figure d'entrepreneur déjà évoquée. Sa motivation centrale est le besoin d'indépendance et son objectif essentiel est la survie de l'entreprise. L'indépendance est donc plus importante à ses yeux que la réussite économique.

Le lien établi par J. Laufer, entre croissance de l'entreprise et personnalité de l'entrepreneur, a été également repris par P.-A. Julien et M. Marchesnay qui distinguent deux grands types d'entrepreneurs[1] :

- l'entrepreneur PIC (Pérennité – Indépendance – Croissance), dont les comportements dominants sont analogues à ceux de l'entrepreneur artisan. Le développement de l'entreprise est soumis aux conditions de pérennisation et d'indépendance, c'est-à-dire à la capacité de l'entrepreneur et de sa famille à créer des richesses qui seront réinvesties dans l'affaire ;
- l'entrepreneur CAP (Croissance – Autonomie – Pérennité), qui est à l'affût des opportunités offertes par les turbulences de l'environnement pour y trouver des occasions de lancer et/ou développer des affaires rentables. L'attrait du jeu, la réalisation personnelle, plus que la recherche du cadre et des conditions les plus sécurisantes, semblent être ses ressorts principaux.

L'analyse des motivations entrepreneuriales, telles que le besoin de création, le pouvoir et l'autonomie amène J.-C. Ettinger à proposer une vue simplifiée de la typologie de J. Laufer.

1. Julien P.A., Marchesnay M., *La petite entreprise,* Paris : *Vuibert gestion,* 1988.

Deux catégories principales subsistent[1] :

- les entrepreneurs indépendants, tout d'abord, équivalents des entrepreneurs artisans dont il a été question plus haut, pour lesquels le besoin d'autonomie est dominant,
- les entrepreneurs créateurs d'organisations, enfin, qui regroupent tous les autres types de la grille de J. Laufer, pour lesquels le besoin de pouvoir est dominant.

Ces deux types, que nous retrouvons très souvent dans d'autres approches[2], ont des comportements contrastés et différenciés en ce qui concerne la notion de croissance. Le premier (entrepreneur artisan ou indépendant ou PIC) limite la croissance de son entreprise à ses propres possibilités, à ses propres ressources. Le second (entrepreneur créateur d'organisation ou CAP) recherche les opportunités d'affaires et la croissance. Il est davantage susceptible que le premier de contribuer, de façon significative, au développement économique général.

D'autres approches typologiques paraissent complémentaires de celles que nous venons d'évoquer. Nous allons, pour terminer notre tour d'horizon, présenter deux d'entre elles, qui nous semblent à la fois fondamentales et originales.

1. Voir J.-C. Ettinger, « Stimuler la création d'emplois par la création d'entreprises », *Revue Française de Gestion,* 1989, n° 73, pp. 56-61.
2. L'Agence Pour la Création d'Entreprise, par exemple, propose deux types assez proches : l'entrepreneur créateur de son propre emploi et l'entrepreneur développeur.

La première vient de J. Schumpeter qui repère quatre types historiques d'entrepreneurs[1] :

- le fabricant commerçant présente le plus souvent un projet capitaliste. Les fonctions exercées par ce type d'entrepreneur sont multiples, et ce dernier transmet sa position essentiellement de façon héréditaire ;
- le capitaine d'industrie agit soit par influence personnelle, soit dans le but d'acquérir la propriété ou le contrôle de la majorité des actions ;
- le directeur salarié, possédant un statut particulier, peut être intéressé ou non aux résultats de l'entreprise. Dans tous les cas, son comportement n'est pas celui d'un capitaliste ;
- le fondateur s'implique très fortement au tout début de la vie de l'entreprise. Il lance l'affaire, puis, assez rapidement, se retire.

Dans l'analyse de J. Schumpeter, les types d'entrepreneurs sont déterminés plutôt par les fonctions (économiques) de ceux-ci et leurs positions (sociales). Contrairement aux autres typologies que nous avons présentées, les buts et les motivations de l'entrepreneur ne sont pas (ou peu) pris en compte.

La dernière étude dont nous allons parler est celle de H. Stevenson et D.E. Gumpert. Ces derniers positionnent l'entrepreneur parmi d'autres figures de managers[2]. L'entrepreneur est celui qui désire le changement ou la croissance, dans sa vision du futur. D'autre part,

1. J. Schumpeter, *Théorie de l'évolution économique*, Paris : Dalloz, 1935.
2. Stevenson H.H., Gumpert D.E., « The heart of entrepreneurship », *Harvard Business Review*, mars-avril 1985, pp. 85-92.

il est persuadé de son pouvoir et de sa capacité à atteindre ses objectifs. En fonction de ces deux critères, les auteurs distinguent trois autres types de manager qu'ils dénomment *« manager satisfait »*, *« entrepreneur potentiel »* et *« manager bureaucrate »*. Dans leur approche « l'entrepreneur potentiel » est celui qui désire le changement, mais qui pense ne pas avoir, à l'instant « t » la capacité à atteindre ses objectifs. En d'autres termes, le comportement entrepreneurial est, en l'occurrence, souhaité, mais il est estimé, au moins momentanément, impossible. L'impossibilité provisoire (ou définitive ?) renvoie à des questions de compétences, de situations et/ou de ressources. Notons également que ces mêmes auteurs définissent l'entrepreneur comme un manager très fortement orienté vers l'identification, la saisie et la transformation des opportunités d'affaires, et qu'ils lui opposent une figure de manager plus bureaucratique et centré sur le contrôle des ressources et des positions acquises.

Des facteurs qui « déterminent » l'entrepreneur

Les facteurs psychologiques

Les facteurs psychologiques jouent un rôle important dans l'acte d'entreprendre.

Nous avons vu que ces facteurs, régulièrement étudiés par les chercheurs et mis en avant par les professionnels de la création d'entreprise, peuvent être regroupés au sein de quatre familles principales. Nous allons maintenant, nous intéresser à chacune de ces familles, et tout d'abord à celle des facteurs psychologiques. Il y a au moins deux façons d'aborder ces facteurs qui jouent un rôle important dans l'acte d'entreprendre. La première vise à cerner les motivations de l'entrepreneur. C'est la force et la congruence des motivations qui vont constituer le moteur de l'engagement entrepreneurial. La seconde concerne les caractéristiques individuelles et les qualités liées à la personnalité de l'entrepreneur.

Les motivations des entrepreneurs

En général, il est possible d'identifier plusieurs sources de motivation entrepreneuriale chez un même individu. Mais il y en a toujours une qui semble dominante et plus importante que les autres. Le mobile de la création d'entreprise peut être lié à la recherche d'un succès personnel et socialement reconnu grâce à l'argent que l'action engagée permet de gagner ou à la notoriété qu'elle permet d'acquérir. Il peut s'agir également d'un besoin de domination, même si T. Gaudin est sceptique quant à la pertinence des critères d'argent et de pouvoir[1]. Pour lui, les créateurs sont à la recherche d'une « vérité ». Entreprendre, créer une entreprise est une manière de « ne pas se raconter d'histoires » à soi-même, et de ne pas en raconter aux autres.

Il y a toujours une motivation qui semble plus importante que les autres.

Les premiers mobiles de l'entrepreneur, selon A. Shapero, sont le besoin d'indépendance, le désir d'être son propre patron et l'aspiration à l'autonomie[2]. Autant de facteurs qui semblent jouer un rôle dans le parcours qui conduit un individu à entreprendre. Et pourtant, lorsque l'entreprise est créée, ces mêmes individus ne sont pas complètement libres ; ils dépendent de leurs clients, de leurs partenaires et de la société qui édicte et actualise les règles du jeu. Mais l'entrepreneur sait qu'il peut changer, à son échelle, les événements et le cours des choses. Il peut aussi

1. Gaudin T., « Qu'est ce qu'un entrepreneur ? », *C.P.E. Étude,* 1963, n° 7, pp. 3-11.
2. Shapero A., « The displaced, unconfortable entrepreneur », *Psychology today,* 1975, vol. 7, n° 11, pp. 83-89.

refuser certaines situations et conditions, ce qui fait de lui un être plus libre. Le concept de liberté est d'ailleurs, nous semble-t-il, plus pertinent que celui d'indépendance.

De nombreux auteurs font du besoin d'accomplissement ou de réalisation une motivation entrepreneuriale dominante[1]. Les entrepreneurs éprouvent le besoin de faire ou de réaliser quelque chose d'important pour eux et qui s'intègre bien dans leur vision de la vie. On peut également citer le besoin de changement comme une motivation non négligeable des entrepreneurs. Enfin, ils peuvent être mus par l'envie d'apporter quelque chose de nouveau, en termes, par exemple, de produits, de services, d'idées ou de modalités de fonctionnement.

Les qualités des entrepreneurs

L'approche du phénomène entrepreneurial par la personnalité des entrepreneurs a inspiré de nombreuses études qui avaient toutes, plus ou moins, comme premier objectif d'établir une série de caractéristiques associées au comportement entrepreneurial. C'est ainsi que J.A. Hornaday propose une liste assez complète de qualités parmi lesquelles on peut citer la confiance en soi, la détermination, l'énergie, la « débrouillardise », la capacité à prendre des risques calculés, la créativité, l'esprit d'initiative, l'adaptabilité, le dynamisme ou

1. Voir notamment : Timmons J.A., « Characteristics and role demands of entrepreneurship », *American journal of Small Business,* 1978, vol. 3, n° 1, pp. 5-17 ; McClelland, « Achievement motivation can be developed », *Harvard Business Review,* novembre-décembre, 1965 ; Gibb A., « The enterprise culture. Threat or opportunity ? », *Journal of European Training,* 1987, vol. 11, n° 2, pp. 27-31.

encore la facilité à percevoir les situations et à s'entendre avec les autres[1]. A. Gibb souligne de nouveau, quelques années après Hornaday, l'existence de certaines de ces qualités : esprit d'initiative, adaptabilité, créativité et propension au leadership[2]. Il en ajoute d'autres, qu'il estime également importantes, comme le pouvoir de persuasion, la capacité à prendre des risques modérés, la capacité à résoudre des problèmes, l'imagination, une forte croyance dans le contrôle de sa destinée et une évidente capacité de travail.

De nombreuses études établissent une série de caractéristiques associées au comportement entrepreneurial.

Comme on peut le constater les études centrées sur les traits de caractère des entrepreneurs débouchent sur des listes plus ou moins longues de qualités qui peuvent effrayer les candidats éventuels à l'acte d'entreprendre, tant il semble évident que les réunir toutes relève de la mission impossible. Il convient donc, si on veut utiliser ces grilles d'analyse, de relativiser leur caractère normatif, pour ne retenir que quelques points de repère applicables dans un contexte donné.

Les facteurs sociologiques et culturels

Nous entendons par facteurs sociologiques et culturels des éléments directement liés aux différents milieux connus et fréquentés par les individus, et qui peuvent jouer un rôle sur leur propension à entreprendre. Ces milieux (famille, écoles, universités, société, entreprises, professions, territoires), exercent sur l'individu

1. Hornaday J.A., « Research about living entrepreneurs », *Encyclopedia of entrepreneurship,* Englewood Cliffs : Prentice Hall, 1982, p. 28.
2. Gibb A., *op. cit.*

des influences nombreuses qui peuvent s'avérer positives ou négatives le jour où apparaîtra dans sa vie l'événement entrepreneurial. Là encore, de multiples études se sont efforcées d'éclairer le rôle et l'importance de ces facteurs relativement à la décision et à l'acte d'entreprendre.

Les milieux fréquentés par l'entrepreneur exercent sur lui des influences nombreuses.

Un des milieux parmi les plus étudiés est vraisemblablement celui de la famille ; les influences qu'il peut exercer sont souvent déterminantes. Les entrepreneurs appartiennent fréquemment à des familles d'entrepreneurs. La reproduction sociale semble bien fonctionner dans le domaine de la création d'entreprise. Les recherches qui concernent l'origine sociale des entrepreneurs montrent que leurs parents proches sont propriétaires d'entreprises, artisans indépendants, ou exercent des professions libérales. Le taux de reproduction sociale est assez souvent supérieur à 50 % dans les milieux entrepreneuriaux. Les parents, à l'évidence, jouent vis-à-vis des enfants un rôle de modèle (ou de contre-modèle) ; grandir dans de telles familles permet à de jeunes enfants de se familiariser avec le monde des affaires et celui de l'entreprise. Au sein des familles d'entrepreneurs, certains besoins (d'indépendance, de réalisation…) peuvent être valorisés, certaines valeurs (sens de la liberté et des responsabilités) peuvent être mises en actes, créant par là même les conditions d'une accoutumance fertile aux risques et aux composantes de la vie d'entrepreneur.

Après les recherches sur la famille, ce sont celles qui concernent l'école, l'université, l'éducation et la formation qui apparaissent comme des sources importantes de renseignements pertinents. Une étude portant sur des enquêtes conduites dans quatre régions françaises souligne le rôle joué par les différentes formations initiales ou complémentaires[1]. Ces démarches permettent de doter l'entrepreneur de compétences et de connaissances qu'il estime très utiles, voire même décisives pour la concrétisation de son projet. D'autres auteurs montrent l'importance de l'enseignement dans le développement de la propension entrepreneuriale des étudiants[2]. L'enseignement, à travers les stages et la valorisation de l'image dynamique et responsable des entrepreneurs, peut susciter des vocations et sensibiliser un large public.

D'autres recherches se sont intéressé à la relation entre le niveau d'éducation de l'entrepreneur et la performance des entreprises créées ou reprises. Tout d'abord, il semblerait que les entreprises de haute technologie fassent appel à des entrepreneurs très qualifiés et très bien formés. Un autre résultat majeur est que les entreprises à fort potentiel de développement et de croissance ont été fondées par des entrepreneurs possédant une solide formation technique et/ou commerciale. Le système éducatif permet donc de sensibiliser les étudiants, de valoriser l'image de l'entrepreneuriat et apporte les connaissances et les compétences qui aident les individus à prendre les bonnes décisions, à élaborer des projets solides et à créer des entreprises dotées d'un potentiel important de croissance.

1. Arocena J. et *al.,* « La création d'entreprise, un enjeu local », notes et études documentaires, *La Documentation Française,* 1983, numéros spéciaux 4709 et 4710, p. 62.
2. Aurifeille J.M., Hernandez E.M., « Détection du potentiel entrepreneurial d'une population étudiante », *Économies et sociétés,* série sciences de gestion, 1991, n° 17, pp. 39-55.

En complément de la famille et de l'école, d'autres facteurs sociologiques et culturels peuvent exercer des influences sur la propension des individus à entreprendre. Le territoire dans lequel l'entrepreneur (ou celui qui se destine à l'entrepreneuriat) passe sa vie personnelle et/ou professionnelle joue un rôle non négligeable. Un territoire peut en effet constituer un pôle d'attraction entrepreneuriale[1]. De plus, c'est très souvent dans son espace de vie que l'entrepreneur potentiel trouve le terreau indispensable au développement de réseaux de soutien très utiles au moment de la création de l'entreprise.

Enfin, plus personne ne semble aujourd'hui contester l'importance de l'expérience professionnelle dans le cheminement qui conduit un individu à l'entrepreneuriat. Des centaines d'études, en France et à l'étranger, ont été réalisées pour examiner les différentes dimensions de cette expérience dans le parcours entrepreneurial. Plusieurs professions peuvent, à un moment donné, amener certaines des personnes qui les exercent à s'interroger sur l'opportunité d'entreprendre, tant les exemples de création d'entreprise se multiplient dans leur secteur. Ce fut le cas, notamment, de l'informatique dans les années quatre-vingt (et plus récemment pour les NTIC – Nouvelles Technologies de l'Informatique et des Communications –). Les dimensions principales du parcours professionnel qui semblent devoir jouer un rôle sont la diversité de la pratique, le nombre d'emplois différents, l'expérience dans un domaine d'activité donné, la connaissance du produit et/ou du marché, l'expérience du management et du travail en équipe. L'activité exercée anté-

1. Prenons, par exemple, le cas de la région de Grenoble en France et celui de la Silicon Valley aux États-Unis.

rieurement entraîne la connaissance précise d'une gamme de produits, des technologies utilisées et des marchés de référence. Tous ces éléments constituent des acquis, parfois des atouts qui vont s'avérer très utiles lors de la création d'une entreprise dont l'activité est semblable ou proche de celle de l'entreprise précédente. L'expérience professionnelle apporte, par ailleurs, une bonne connaissance de la vie en entreprise et des relations entre les différents acteurs internes et externes.

Les facteurs économiques

Les facteurs économiques sont les ressources informationnelles, humaines, cognitives, technologiques, financières et matérielles sans lesquelles rien n'est possible et rien n'est faisable. Ces éléments, même s'ils interviennent en bout de course, n'en demeurent pas moins des facteurs clés de la démarche entrepreneuriale. Qui peut, en effet, envisager d'entreprendre, de créer une entreprise, sans moyens ou ressources disponibles et sans une capacité à les rechercher, à les obtenir et à les mobiliser, au mieux de l'intérêt du projet et de l'entreprise elle-même ?

Les facteurs économiques occupent une position clé dans la démarche entrepreneuriale.

Les ressources relationnelles ont tendance à prendre de plus en plus d'importance. Les réseaux personnels et professionnels constituent des éléments facilitateurs et des catalyseurs qui permettent de gagner du temps et de l'efficacité face à la complexité des situations et à la multiplication des démarches et procédures. Ceci justifie parfaitement le vieux dicton : *« ce que vous connaissez est bien moins utile que les personnes que vous connaissez. »* L'accès aux ressources peut parfois être problématique et difficile, aussi l'intégration dans des réseaux peut-il constituer un facteur essentiel, voire décisif, dans les processus d'acquisition de ces ressources. Les personnes formées dans les meilleures écoles et universités peuvent utiliser de nombreux réseaux qui leur sont propres et qui viennent compléter les réseaux spécifiques à la création d'entreprise. Certaines ressources appartiennent en propre à l'individu (ses compétences, ses connaissances, ses disponibilités financières...). D'autres se trouvent dans son environnement personnel et professionnel et dans des univers spécifiques à l'entrepreneuriat. Les ressources de l'entrepreneur en phase de création et de lancement des activités sont toujours insuffisantes par rapport aux besoins, ce qui fait qu'une des dimensions capitales de la personnalité de l'entrepreneur réside dans sa capacité à identifier des ressources vitales et à les acquérir au moindre coût.

Les facteurs contextuels

L'acte d'entreprendre ne peut pas être isolé de son contexte.

L'acte d'entreprendre ne peut pas être isolé du contexte dans lequel il survient ou par rapport auquel il se situe. Ce qui nous intéresse, ici, ce sont certains éléments reliés à la vie personnelle et à la vie professionnelle de l'entrepreneur potentiel. Les facteurs contextuels agissent généralement en provoquant des ruptures psychologiques et/ou matérielles qui vont contribuer à précipiter la décision d'entreprendre.

A. Shapero a observé que la plupart des créateurs d'entreprises ont, au départ, subi un déplacement, c'est-à-dire un accident dans leur vie personnelle ou professionnelle[1]. Cet auteur qui, le premier, a introduit le concept de déplacement parle d'ailleurs de facteurs « *push* » et « *pull* » qu'il qualifie également de facteurs

1. Voir Shapero A., « The displaced, unconfortable entrepreneur », *Psychology today,* 1975, vol. 7, n° 11, pp. 83-89.

positifs et négatifs. Il peut s'agir, par exemple, pour des facteurs négatifs, d'un licenciement, d'un revers professionnel ou encore d'un accident dans la vie familiale, comme un divorce ou la disparition d'un être cher. Les facteurs positifs le plus souvent cités sont les rencontres avec de futurs associés ou partenaires et le repérage d'opportunités. *« Déplacement »* selon A. Shapero ou *« discontinuité »* selon d'autres auteurs : il est clair qu'un événement important affectant la vie d'un entrepreneur potentiel peut servir de catalyseur au déclenchement de l'action d'entreprendre. Les changements « subis », la frustration ou l'insatisfaction dans le travail, favorisent les remises en cause et peuvent amener les personnes déplacées à prendre une décision concernant leur carrière. Elles peuvent, alors, s'orienter vers la création ou la reprise d'entreprise.

Ce mécanisme de déclenchement peut constituer un début d'explication à un phénomène souvent constaté : un même individu est plus enclin à prendre la décision de créer une entreprise lorsqu'il est demandeur d'emploi, plutôt que lorsqu'il a un emploi de salarié. Depuis plus d'une décennie, les demandeurs d'emploi créateurs d'entreprises représentent une nouvelle population d'entrepreneurs. Avec plus d'une nouvelle entreprise créée sur quatre, leur poids est loin d'être négligeable au niveau démographique[1]. Leur importance et les évolutions récentes montrent bien que la création ou la reprise d'une entreprise est très souvent perçue par les individus en rupture d'emploi comme une solution de retour à l'emploi.

1. Source : APCE.

Création et reprise d'entreprises : des processus

La création et la reprise d'entreprises constituent des phénomènes complexes.

La création et la reprise d'entreprises constituent, à n'en pas douter, des phénomènes complexes. L'acte d'entreprendre est le fait de femmes et d'hommes aux cultures, aux motivations, aux projets différents, qui généreront des types d'entreprises ayant des caractéristiques et des modes de fonctionnement variés. L'approche de l'entrepreneuriat par les facteurs « déterminants » est intéressante, en ce sens qu'elle permet d'isoler des éléments qui peuvent jouer un rôle important à un moment ou à un autre. Mais elle présente un inconvénient majeur : elle ne rend pas compte des aspects dynamiques de l'entrepreneuriat. Pour remédier à ce problème, nous allons adopter une perspective complémentaire qui va nous permettre de considérer la création et la reprise d'entreprises comme des processus.

On peut tout d'abord définir un processus comme un système dynamique qui évolue dans le temps et qui est soumis à des échanges avec son environnement, lesquels échanges ont une influence sur son évolution. Le processus entrepreneurial, dans ces conditions, tient au cheminement d'un individu qui, à un moment de son existence, s'interroge sur l'acte d'entreprendre, le prépare et s'apprête à donner une orientation entrepreneuriale à sa vie professionnelle. S'intéresser à ce processus revient donc à analyser les mécanismes par lesquels on devient entrepreneur, et à mieux préciser le rôle et l'importance des facteurs « déterminants », ainsi qu'à identifier les liens qui les unissent.

Pour approfondir la notion de processus entrepreneurial, nous allons exposer, dans un premier temps quelques modèles issus de la littérature entrepreneuriale ; puis nous développerons plusieurs dimensions des processus conduisant à la décision d'entreprendre qui nous semblent particulièrement importantes.

Quelles modélisations du processus de création d'entreprise ?

Au cours des vingt dernières années, de nombreux modèles théoriques ont été proposés pour décrire et expliquer le phénomène de création d'entreprise. Notre objectif n'est pas de tous les présenter dans cette section, mais d'extraire de l'ensemble ceux qui nous semblent les plus aboutis. Dans la plupart de ces modèles, le concept d'intentionnalité occupe une place centrale. Un ensemble de facteurs agissent, chez un individu, pour contribuer à la formation d'une intention d'entreprendre. L'intention conduit ensuite à l'action.

Le concept d'intentionnalité occupe une place centrale dans la plupart des modèles proposés.

Le modèle de Shapero[1]

Les travaux de A. Shapero sont les plus anciens et certainement ceux qui ont eu le plus grand retentissement dans la communauté scientifique. Ils débouchent sur un modèle général qui permet de mieux comprendre la formation de l'événement entrepreneurial. Quatre forces principales, en interaction les unes avec les autres, expliquent selon lui la création d'une entreprise.

Le modèle de Shapero permet de mieux comprendre le phénomène entrepreneurial.

Le déplacement d'un individu

D'après l'auteur, beaucoup de créations d'entreprises sont liées à des déplacements. « *Nous avons établi que la plupart des créations étaient liées à des déplacements de personnes, à l'éviction de conditions d'existence confortables ou tout au moins acceptables, et*

1. Shapero A., *op. cit.*

débutaient à un moment où le fondateur hésitait entre divers projets, n'était pas encore installé dans une situation qui lui convenait. Les déplacements qui déclenchent le processus de formation de l'événement entrepreneurial peuvent tout à la fois présenter des aspects positifs et négatifs, imposés de l'extérieur ou perçus de l'intérieur, et c'est souvent une combinaison d'assauts négatifs et d'efforts positifs qui accélère les actions menant à la création d'une entreprise »[1].

Beaucoup de créations d'entreprises sont liées à des déplacements.

Mais si le déplacement est moteur pour la création d'entreprise, il n'en est évidemment pas une condition suffisante.

Une disposition à l'action

S'appuyant sur les travaux réalisés par les psychologues de la création d'entreprise, A. Shapero insiste sur le fait que les entrepreneurs ont un grand désir d'indépendance et de contrôle de leur environnement. Des motivations et certaines qualités particulières confèrent donc aux individus qui les possèdent une disposition plus ou moins marquée à l'action (entrepreneuriale).

Les entrepreneurs ont un grand désir d'indépendance.

La crédibilité de l'acte d'entreprendre, pour celui-là même qui entreprend ou s'apprête à le faire, est, d'après A. Shapero, la plus puissante variable que l'on puisse trouver associée à l'acte de création d'une entreprise. Imaginer ce que sera pratiquement son rôle d'entrepreneur et de dirigeant est un bon moyen de rendre crédible à ses propres yeux l'action qu'il engage. L'individu doit être capable de s'imaginer lui-même faisant démarrer et dirigeant une entreprise. La crédibilité de l'acte est avant tout d'ordre social. Elle est

1. Shapero A., « Création d'entreprises et développement local », in : « Qu'est-ce que entreprendre », *C.P.E. Étude,* 1983, n° 7.

liée à des milieux et/ou des groupes de référence qui vont, d'une certaine façon, renvoyer à l'individu concerné une image valorisée ou dévalorisée de l'entrepreneuriat. C'est ce qui expliquerait le fait que les créateurs d'entreprises sont très souvent issus de familles où un parent était (est) entrepreneur. C'est à ce niveau également que se situe un des rôles du système éducatif qui, dans des actions de sensibilisation, pourrait se donner comme objectif de donner une image plus valorisante des situations entrepreneuriales.

Cependant, bien évidemment, même si un individu présente une disposition à l'action, s'il a subi un déplacement et s'il a dans sa famille ou dans d'autres milieux de référence des exemples crédibles, il faut encore, pour qu'il passe à l'acte, qu'il puisse disposer ou réunir les ressources nécessaires (moyens matériels, humains et financiers) pour entreprendre.

Dans le modèle de Shapero, les concepts clés sont donc :

- désir de l'acte. C'est là une variable psychologique liée à l'existence de motivations et de qualités spécifiques de l'entrepreneur ;
- crédibilité de l'acte pour celui qui l'engage. Il s'agit ici d'une variable sociologique qui indique l'importance de l'image de l'événement entrepreneurial ;
- faisabilité de l'acte. C'est la variable économique qui donne au projet son caractère réaliste, l'entrepreneur devant être en capacité de réunir toutes les ressources nécessaires ;
- déclencheur de l'acte. C'est le déplacement, non prévu, qui précipite le cours des choses et positionne l'individu sur les rails de la création d'entreprise.

La pensée de A. Shapero peut être schématisée de la façon qui suit. À partir des ses expériences personnelles et professionnelles, de son éducation et de sa formation, un individu peut développer des motivations qui, en lien avec ses qualités personnelles, vont lui donner une disposition à l'action entrepreneuriale d'un niveau plus ou moins élevé. Toujours à partir de ce bagage de vie, l'individu peut arriver rapidement ou progressivement à la conclusion que l'acte d'entreprendre est intéressant pour lui et crédible à ses yeux comme à ceux de son entourage social. Des interactions entre désirabilité et crédibilité de l'acte va émerger et se développer une propension à agir et à entreprendre qui va entraîner l'apparition d'une intention d'entreprendre. Ce qui va provoquer le passage de l'intention à l'acte d'entreprendre, c'est l'irruption dans ce processus de facteurs déclencheurs positifs et/ ou négatifs, qui vont générer un déplacement. Cela peut être la découverte d'une opportunité d'affaires, la rencontre avec un futur associé ou encore la menace d'un licenciement.

Le modèle de Pleitner[1]

Dans ce modèle, plusieurs étapes sont identifiées. La première est celle de la préférence d'un individu pour une carrière d'entrepreneur. Le parcours qui peut conduire une personne ordinaire à affirmer une préférence pour une carrière d'entrepreneur est complexe et la durée en est variable. Il dépend fortement de la situation personnelle, des objectifs professionnels de l'individu, du degré de satisfaction ou d'insatisfaction qui est le sien relativement à l'emploi qu'il occupe, et de sa volonté de changement. Une telle préférence est

1. Ce modèle est extrait de la thèse de Christian Bruyat.

la résultante, à un moment donné, d'une opposition opérée par l'individu lui-même entre l'éventuelle attractivité d'une carrière d'employé et l'attrait plus grand d'une carrière entrepreneuriale.

Le modèle de Pleitner identifie plusieurs étapes du processus conduisant à une préférence pour la carrière d'entrepreneur.

La deuxième étape concerne le niveau de motivation de l'individu pour créer une entreprise. Elle s'appuie, bien entendu, sur la préférence marquée pour une carrière d'entrepreneur, mais aussi sur l'existence d'une opportunité d'affaires et sur l'évaluation des probabilités de sa concrétisation liées à l'individu et à son environnement.

La troisième et dernière étape est celle de l'entrée dans un marché, et donc la création effective de l'entreprise. Cette étape consiste, après avoir apprécié, sous tous ses aspects, la faisabilité du projet, à lancer les activités.

Ce schéma du processus de création d'une entreprise constitue un modèle dynamique où des effets de rétroaction apparaissent et soulignent la complexité d'un phénomène dont les éléments s'assemblent d'une certaine manière à un moment donné. C'est à partir de ces combinaisons « situées » que seront prises les différentes décisions.

Le modèle de Le Marois[1]

Ce modèle, d'inspiration sociologique, propose un schéma représentant le processus de formation d'une entreprise viable. On y retrouve les notions de déplacement, de disposition à l'action, de crédibilité de l'acte

1. Le Marois H., « Contribution à la mise en place de dispositifs de soutien aux entrepreneurs », thèse de doctorat d'État en sciences de gestion, Lille, 1985.

Le Marois propose un schéma de la formation d'une entreprise viable.

chères à A. Shapero, et de nombreux concepts empruntés au sociologue M. Crozier, notamment ceux d'acteur et de système[1]. Les moments privilégiés du processus de création d'une entreprise (déclenchement, acquisition et développement de ressources internes et externes, puis création) apparaissent et se structurent autour de trois pôles indissociables et en interaction permanente. Il s'agit des pôles relationnel, personnel et professionnel. Ces derniers déterminent une structure complexe et spécifique à chaque cas d'espèce, qui fonctionne comme un véritable système d'actions de déclenchement et de réalisation de l'idée de créer. En définitive, l'approche de H. Le Marois développe une autre version du modèle de A. Shapero, enrichie des apports de l'analyse stratégique conceptualisée par M. Crozier.

Le modèle de Bruyat[2]

Ce modèle permet d'appréhender aisément un processus complexe.

Christian Bruyat propose une forme générique du processus de création d'entreprise. Son idée est, avant tout, d'identifier des temps forts, des changements de rythme dans l'activité ou dans l'effort fourni, et d'indiquer l'importance de certaines décisions intermédiaires ou irréversibles. Même si tout découpage est fondamentalement virtuel, celui qui est développé dans la thèse de cet auteur, et qui s'inspire, lui aussi, de travaux antérieurs, permet aisément de mieux appréhender et comprendre un processus complexe.

1. Crozier M., Friedberg E., *L'acteur et le système,* éditions du Seuil, Points, Politique, 1977.
2. Voir la thèse de Christian Bruyat.

Dans ce modèle, six positions sont distinguées. Elles représentent chacune un type d'action.

- La position 0 signifie que la possibilité de créer une entreprise n'est pas perçue. Cette situation peut s'expliquer par une insuffisance d'informations liée à l'éducation, à la personnalité ou à l'environnement de l'individu.
- La position 1 indique que la possibilité de créer sa propre entreprise est perçue. Dans cette deuxième situation, l'individu dispose d'une information suffisante pour savoir et comprendre ce qu'est la création d'une entreprise.
- La position 2 veut dire que l'action de créer est envisagée. Dans ce cas, elle est prise en compte par l'individu comme étant une alternative possible à sa situation. L'acteur tente d'identifier quel type d'entreprise il pourrait créer, sans consacrer beaucoup de temps et d'énergie à cette question.
- La position 3 signifie que l'action est recherchée. Dans ces conditions, l'individu cherche activement une idée et essaie de l'évaluer tout en continuant, le cas échéant, d'exercer une activité professionnelle. S'il est demandeur d'emploi, il continue généralement à rechercher un emploi tout en testant son idée de création. Il agit, recherche des informations, réalise des études, développe son projet et y investit du temps et de l'argent. Cette étape peut déboucher sur un abandon de l'idée et du projet ou sur la création d'une entreprise et le passage à l'étape suivante.
- La position 4 indique que l'action est lancée. L'entreprise est créée ; elle commence à produire et à vendre. À ce stade, tout retour en arrière est difficile, voire impossible, le coût financier et psychologique étant trop élevé.

L'entreprise est cependant dans une phase très délicate de son existence. Elle reste très fragile et les causes d'échec sont nombreuses.

- La position 5 signifie que l'action est réalisée. L'entreprise assure son équilibre d'exploitation. Elle est devenue une entité économique reconnue par ses partenaires extérieurs. Le créateur a réussi son premier examen de passage. Il a apporté la preuve que son projet était viable et il se trouve désormais dans une situation de dirigeant d'une très petite, d'une petite ou d'une moyenne entreprise.

Dans ce parcours, le passage d'une position à une autre n'est en rien automatique. L'acteur peut refuser une action, l'abandonner, retourner à une étape précédente ou tirer des enseignements négatifs de son expérience et renoncer à l'idée de créer à nouveau.

Tout individu qui s'engage dans le processus de création d'entreprise tel que le décrit C. Bruyat aura à accomplir un grand nombre d'actions et devra prendre de nombreuses décisions. Cette vision de la création d'entreprise donne à l'acteur une position centrale et fait dépendre les décisions et la dynamique du processus d'un système d'action propre à chaque situation ; ce système est construit autour des perceptions temporelles de l'acteur.

Les systèmes d'action

Nous venons de passer en revue quelques modèles qui décrivent le phénomène de création d'entreprise. Ils suggèrent, tous, d'utiliser la notion de processus pour mieux comprendre la diversité et la richesse des situations et des comportements entrepreneuriaux. Le concept de processus implique l'idée de mouvement, de dynamique et de temps. Nous allons partir de cette dimension temporelle pour essayer de montrer son importance dans les processus de création et de reprise d'entreprises. Nous évoquerons ensuite une deuxième dimension, celle de système d'action, en nous inscrivant, nous aussi, dans une perspective sociologique. Puis nous terminerons par la présentation d'une dernière dimension qui prolonge et complète la précédente : celle de la logique d'action. Ce travail est à la fois une synthèse et un approfondissement des éléments clés extraits des modèles que nous avons exposés.

Les processus entrepreneuriaux sont des systèmes d'action dotés de logiques propres.

Le temps du processus : contrainte ou nécessité

La question du temps, nous en sommes convaincus, est particulièrement importante dans les processus de création et de reprise d'entreprises, ainsi que, d'ailleurs, dans les processus de développement et de diffusion des innovations. Le temps n'est pas perçu de la même façon par tous les individus et les parties prenantes d'un projet. Les rythmes temporels diffèrent également selon les personnes, les technologies, les secteurs d'activité et bien d'autres choses encore. L'étude d'une idée ou d'un projet donné de création peut durer des années. À l'inverse, dans certains cas, une création d'entreprise peut ne prendre que quelques semaines, surtout si l'acteur reproduit une situation et applique des recettes qu'il connaît très bien.

La question du temps est particulièrement importante dans les processus de création et de reprise d'entreprise.

Selon les cas, la pression du temps sera plus ou moins marquée. Elle va dépendre essentiellement de la situation personnelle de l'acteur, de la manière dont il perçoit ce qui se produit, et des exigences spécifiques du projet ou de son environnement. S'agissant de l'individu, la pression du temps peut venir d'une insuffisance de revenus, de menaces qui pèsent sur sa situation professionnelle, de fortes insatisfactions liées à son emploi, ou d'une prise de conscience que le moment est venu de choisir entre une situation de salarié et un statut d'entrepreneur. Du point de vue du projet, certaines caractéristiques du marché peuvent conduire l'entrepreneur à envisager de se saisir rapidement de l'opportunité qu'il a perçue, sous peine de la perdre ou d'en diminuer considérablement la valeur potentielle. Des événements non prévus peuvent venir également remettre en cause le projet initial et amener l'individu, par voie de conséquence, à accélérer le mouvement ou à le stopper momentanément. La pression du temps est donc à la fois subie et décidée. Elle est la résultante d'éléments que l'acteur ne peut pas toujours contrôler (les caractéristiques de l'environnement d'un projet, un licenciement), mais aussi une conséquence des décisions, des actions passées ou des lacunes de l'entrepreneur en termes d'informations et de formation.

Notons que le temps, qui permet de bien préparer un projet, permet également au futur dirigeant d'entreprise de bien se préparer lui-même. La maturation d'un projet et celle d'un homme constituent des éléments essentiels à la réussite finale de l'opération. Rappelons-nous l'expression pleine de bon sens : « *Il faut laisser du temps au temps.* » Mais le temps est aussi une contrainte, quand l'analyse lucide et froide de la situation commande d'agir vite et parfois dans l'urgence, sous peine de perdre une opportunité ou de prendre un retard conséquent vis-à-vis des principaux concurrents.

L'acteur et le système : composantes clés du processus

De l'intention à l'idée, de l'idée à l'action de créer, puis de cette action aux premiers pas de l'entreprise, les cheminements des entrepreneurs sont divers et complexes. Pourtant, il est possible de dégager de ces parcours singuliers des invariants, des éléments communs autour desquels les décisions se prennent et les actions se structurent. Quelques auteurs voient le processus de création d'entreprise à travers le filtre d'un système d'action. Ceci permet de mettre l'entrepreneur (l'acteur) au cœur d'un système (d'action) structuré et spécifique qui se constitue, évolue et se transforme au cours du temps. Les états et les configurations de ce système sont particuliers à chaque créateur. Pour bien comprendre l'intérêt d'une approche basée sur le concept de système d'action, nous allons approfondir le modèle de H. Le Marois[1].

Des parcours singuliers des entrepreneurs, il est possible de dégager des invariants.

Le système d'action exposé dans ce modèle est constitué par trois pôles qui rassemblent les éléments de l'histoire individuelle et sociale des entrepreneurs. Ces trois pôles sont le pôle personnel (expérience de l'acteur et ses ressources), le pôle relationnel (ses réseaux de relations) et le pôle professionnel (ses connaissances de l'entreprise et son vécu professionnel). Ce système d'action va provoquer l'apparition ou la disparition du projet de création d'entreprise. Décrivons un peu plus le contenu et le fonctionnement de ce système.

1. Ce modèle a été présenté dans une section précédente. Outre les emprunts à M. Crozier, les travaux de H. Le Marois s'inspirent beaucoup de ceux de Arocena et *al.* (voir : Arocena J., Bernoux P., Minguet G., Paul-Cavallier M., Richard P., « La création d'entreprise, un enjeu local », notes et études documentaires. *La Documentation Française,* 1983, n° 4709 et 4710).

Le pôle personnel comprend l'histoire personnelle de l'entrepreneur, ses racines, sa région d'origine et les différents territoires et lieux qui l'ont marqué. S'y rattachent également les formations initiales et complémentaires qu'il a suivies. Ce pôle est aussi celui des expériences personnelles et professionnelles, des comportements, des aptitudes et des motivations.

Le pôle relationnel est celui de l'environnement immédiat de l'entrepreneur, ses réseaux de relations personnels et professionnels. Le rôle de la famille, du conjoint, des enfants, des parents est très souvent de la plus haute importance. La famille interfère dans le processus de création ; elle incite, aiguillonne, tempère le créateur de l'entreprise ou bloque le projet. Les réseaux professionnels (collègues de travail, fournisseurs, clients) sont souvent utiles pour développer l'idée de départ et pour lancer les activités. Au niveau social, les entrepreneurs ont tissé des réseaux de connaissances qui peuvent leur permettre de gagner du temps, d'être mieux informés et plus crédibles. Les réseaux d'amis et d'anciens élèves font partie, également, de ceux qui sont mobilisables à certains moments du processus de création.

Le pôle professionnel prend en compte la connaissance de la vie et du fonctionnement de l'entreprise, les expériences et les acquis professionnels accumulés. Ce pôle est celui des compétences professionnelles, de la connaissance approfondie d'un métier et, le cas échéant, de la maîtrise d'une technologie particulière. Ces savoirs et savoir-faire donnent à l'entrepreneur des atouts qu'il va utiliser dans son parcours entrepreneurial. Dans ces éléments liés à la vie professionnelle, la maîtrise de la gestion est perçue par les entrepreneurs comme une condition nécessaire et presque indispensable au lancement des activités d'une nouvelle entreprise.

Ces trois pôles sont indissociables et en interaction permanente. S'ils ont leur propre dynamique, on constate aussi l'existence d'une dynamique d'ensemble ; en conséquence, lorsque des changements affectent l'un des pôles, ils vont nécessairement entraîner des évolutions au niveau des deux autres, donnant ainsi au système d'action une configuration nouvelle. Le système de déclenchement d'une création d'entreprise se constitue donc à partir d'une combinaison particulière des éléments de ces trois pôles. Le caractère spécifique de chaque configuration indique que des éléments semblables (trajectoire professionnelle, réseau familial, niveau de ressources) ne se combineront pas toujours de la même façon, sans doute parce que la même situation ne se reproduit jamais tout à fait à l'identique, mais surtout parce que sont multiples les possibilités de structuration réalisable par les entrepreneurs à partir des mêmes éléments.

Les trois pôles du système d'action remplissent plusieurs fonctions :

- ils rassemblent des éléments d'une réalité caractérisant chaque situation et son contexte local et socioprofessionnel ;
- ils permettent de repérer des atouts et des contraintes identifiés par l'acteur ;
- ils permettent enfin de mieux saisir la nature et les relations des éléments déclencheurs de l'idée d'entreprendre.

L'entrepreneur agit sur la structuration de son système d'action par l'évaluation qu'il fait des éléments qui sont à sa disposition, par l'action qu'il met en œuvre pour en acquérir d'autres et par les choix qu'il opère pour concrétiser son projet.

Dans ce système d'action qui vit et se transforme, le poids et l'importance des pôles sont variables et donnent des caractéristiques spécifiques à chaque processus entrepreneurial. L'importance donnée à l'un des pôles « *va être l'indice non seulement de l'accumulation d'éléments porteurs et supports dans la constitution de l'idée de création, mais aussi de l'analyse qu'en fait le créateur comme possibilités réalistes et favorisant l'idée de créer* »[1]. Ce système n'est pas fermé. Il s'insère dans un environnement socio-économique qui l'influence et peut l'amener à évoluer. Ces influences, liées à des contextes économique et local, ainsi que la structuration du système d'action autour d'un pôle dominant amènent les acteurs à s'engager dans des « logiques d'action » particulières qui vont les conduire à la création ou à la reprise d'une entreprise. Mais il ne s'agit pas de n'importe quelle entreprise : ces logiques portent en elles le type et la nature des situations entrepreneuriales dans lesquelles les acteurs vont s'engager.

Les logiques d'action des entrepreneurs

Les modèles d'analyse stratégique s'intéressant à la petite entreprise la représentent, généralement, comme un système ouvert sur son environnement. Dans ces conditions, la recherche d'une certaine cohérence entre les éléments du système stratégique guide l'approche et les comportements décisionnels des dirigeants. Les points de vue développés empruntent des voies théoriques très différentes et parfois opposées.

1. Arocena et *al.*, *op. cit.*

Certains modèles s'inscrivent dans des perspectives positivistes dans lesquelles l'analyse logique des situations existantes conduit à identifier les « bonnes » décisions stratégiques. D'autres visions sont basées sur une conception plus aboutie de la cohérence qui devient à la fois globale et comportementale[1]. Globale, car la recherche de cohérence prend en compte toutes les variables pertinentes et la complexité de leurs interactions. Comportementale, parce que le système de gestion stratégique du dirigeant est finalisé par sa logique d'action.

La petite entreprise est représentée comme un système ouvert sur son environnement.

Dans le processus de création ou de reprise d'une entreprise, les décisions à prendre vont privilégier la recherche de cohérence entre les différents éléments qui appartiennent au système d'action. Elles peuvent s'appuyer sur un pôle dominant qui va alors jouer un rôle important et structurer les comportements dans une logique d'action. Mobiliser la notion de logique d'action, forgée dans le champ de la sociologie, présuppose que l'accent est mis sur les aspects dynamiques du phénomène : *« L'acteur n'existe pas en soi, mais il est construit et défini comme tel par son action. »*[2] Il s'agit donc de retrouver et de comprendre la logique (ou les logiques) à l'œuvre, de retrouver les traces des choix effectués par l'acteur, et de s'efforcer de mieux décoder ce qui les fonde.

1. Voir notamment les travaux de M. Marchesnay et P.A. Julien, *op. cit.*
2. Amblard H., Bernoux P., Herreros G., Livian Y.F., *Les nouvelles approches sociologiques des organisations,* Paris : éditions du Seuil, 1996, p. 198.

L'Agence pour la création d'entreprise évoque assez régulièrement dans ses publications, un clivage qui lui apparaît fondamental et qui concerne les comportements des créateurs. Deux logiques sont identifiées, une logique entrepreneuriale et une logique d'insertion sociale. La première passe, très souvent, par la formulation d'un projet construit autour d'une bonne adéquation produit/marché et la mise en place des moyens nécessaires pour concrétiser le projet. La seconde logique privilégie le retour à l'emploi et/ou l'indépendance à partir d'un savoir-faire précis. Dans cette logique d'insertion sociale, la création d'une entreprise peut être faite dans la contrainte ; c'est par exemple le cas du chômeur-créateur qui se met en affaires un an ou plus après le début du chômage, en conservant la nostalgie du salariat. Elle peut être aussi de l'ordre du volontarisme, quand une personne cherche à satisfaire, dans la création de son entreprise, un besoin d'indépendance très prononcé.

À côté de ces deux premières logiques d'action, l'APCE en a repéré deux autres : les logiques de reproduction et d'innovation. La première est celle d'entrepreneurs qui reproduisent, dans le processus entrepreneurial, ce qu'ils connaissent par expérience et par formation. Il peut s'agir de l'exercice d'un métier technique : un contremaître de la métallurgie créant une entreprise de chaudronnerie, un mécanicien automobile reprenant un garage, ou encore un directeur de marketing devenant consultant dans ce domaine. La reproduction peut se fonder également sur des savoir-faire managériaux développés dans des fonctions commerciales et des fonctions de direction d'entreprise. La logique d'innovation, bien moins fréquente que la reproduction, permet d'introduire de nouvelles pratiques, en rupture avec les habitudes et les pratiques communément rencontrées. Ces innovations peuvent concerner tout à la fois les domaines technologiques, sociaux, ou ce qui est lié à la gestion et à l'organisation des entreprises.

Dans une approche assez voisine, J. Arocena et *al.* distinguent quatre logiques construites à partir de deux dimensions : le lien entre les activités (antérieure et projetée) et le lien entre les clients (antérieurs et visés), en comparant ainsi la situation ante-création avec la situation espérée après la création. Le tableau suivant résume les résultats de ce croisement.

Lien entre l'activité antérieure du créateur et l'activité de l'entreprise créée	
Activités identiques ou semblables	**Activités différentes**
REPRODUCTION	**CONVERSION**
Les clients antérieurs sont les mêmes que ceux des activités projetées	
ADAPTATION	**MUTATION**
Les clients antérieurs sont différents des clients des activités projetées	

Source : J. Arocena et al, *op. cit*

Comme nous pouvons le voir, les logiques de conversion et de mutation sont des logiques d'innovation. La logique d'adaptation est une logique de reproduction des savoir-faire et des compétences professionnelles, appliqués à des cibles de clientèle différentes.

Nous retrouvons, dans les logiques d'action proposées par C. Bruyat, de fortes proximités avec celles qui sont présentées dans les approches précédentes. La typologie développée par l'auteur retient deux éléments structurants : l'intensité du changement pour le créateur et l'intensité de la nouveauté pour l'environnement. Les logiques résultantes sont données dans la représentation suivante.

Intensité du changement pour le créateur

INITIATION	**INNOVATION AVENTURE**
REPRODUCTION	**INNOVATION VALORISATION**

Intensité de la nouveauté pour l'environnement

Dans la logique de reproduction, le créateur va chercher à faire « pour son propre compte » ce qu'il faisait déjà, à peu de choses près, dans son emploi précédent. Dans la logique d'imitation, le créateur tente de monter une entreprise selon une formule déjà bien établie, mais il ne dispose pas encore des compétences et des ressources nécessaires. Il lui faudra faire évoluer ces éléments, d'une façon plus ou moins importante, pour qu'ils deviennent cohérents avec les caractéristiques du projet et du métier. La logique d'innovation/valorisation concerne des individus qui veulent créer leur entreprise à partir d'un procédé ou d'un produit, dont ils possèdent déjà les savoir-faire. L'incertitude réside alors dans l'adoption ou non et la valorisation ou non de la nouveauté par l'environnement, et dans les aléas de la mise au point technique et industrielle du projet. La dernière logique d'action présentée dans cette approche, celle de l'innovation/aventure, cumule les incertitudes liées à l'apprentissage et à l'innovation. L'entrepreneur doit alors faire évoluer ses savoir-faire et ses compétences, constituer de nouveaux réseaux relationnels et faire accepter les changements induits par l'innovation dans l'environnement auquel elle se destine.

Agir sur les trois leviers de l'acte d'entreprendre : l'éveil, le potentiel et la décision

L'objectif de ce chapitre est de présenter une approche originale du processus de création ou de reprise d'entreprise. Nous l'avons développée lors d'une recherche effectuée sur un échantillon d'ingénieurs, mais il est tout à fait possible de l'appliquer dans d'autres contextes et pour d'autres publics. Trois phases constituant le processus entrepreneurial peuvent être dégagées :

Trois phases constituent le processus entrepreneurial.

- une phase d'éveil (ou de sensibilisation) à l'entrepreneuriat,
- une phase de développement d'un potentiel entrepreneurial,
- une phase de décision.

La première phase est très importante, car plus l'éveil se produit tôt, plus l'individu sera sensible aux déclencheurs qui l'amèneront à créer ou à reprendre une entreprise. La seconde phase relève d'une démarche dynamique pour partie consciente et pour partie vraisemblablement inconsciente, qui permet à tout individu éveillé, en utilisant le temps, de satisfaire des besoins et de combler des lacunes liés à l'intention entrepreneuriale. L'éveil entrepreneurial peut activer une envie et alimenter un désir d'entreprendre. Le développement d'un potentiel entrepreneurial part du postulat que ce désir existe, ce qui ne signifie pas forcément qu'il est toujours clairement explicité, et que sa réalisation doit être rendue possible. La création ou la reprise d'une entreprise nous semble, dans ces conditions, devoir réunir au moins deux conditions : celle du désir de l'acte et celle de son caractère réalisable.

De nombreux facteurs agissent tout au long de ce processus entrepreneurial. Selon nous, ils peuvent avoir pour principaux effets de :

- contribuer à l'éveil entrepreneurial,
- agir sur l'accroissement du potentiel entrepreneurial,
- favoriser ou inhiber le processus entrepreneurial,
- déclencher la décision d'entreprendre.

Nous allons pousser plus loin notre raisonnement et présenter maintenant chacune de ces phases importantes.

L'ÉVEIL ENTREPRENEURIAL : UN PREMIER PAS VERS LE DÉSIR D'ENTREPRENDRE

On peut considérer que l'éveil entrepreneurial est une première approche consciente et réfléchie, au moins en partie, des situations et problématiques de création et de reprise d'entreprises. Il est la conséquence d'une exposition et d'une sensibilisation à ce phénomène. Il émerge sous l'effet de sources d'influence nombreuses et variées. Pour qu'il y ait envie d'entreprendre, pour que le désir soit suscité, il est nécessaire que cette première approche soit approfondie et complétée par une réflexion de type introspectif sur ce qui va constituer, le cas échéant, le moteur de l'engagement entrepreneurial, les motivations à entreprendre. Nous allons aborder ces deux dimensions constitutives de l'éveil entrepreneurial : les facteurs d'émergence et les motivations qui poussent un individu à entreprendre.

Pour qu'il y ait envie d'entreprendre, il est nécessaire qu'il y ait éveil entrepreneurial.

Quels facteurs d'influence et d'émergence de l'éveil entrepreneurial ?

Les influences, de nature culturelle et sociale, qui peuvent contribuer à éveiller un individu à l'entrepreneuriat viennent des différents milieux à l'intérieur desquels celui-ci évolue. Dans notre pays, nous ne pouvons pas ignorer le poids des facteurs sociétaux et politiques et le rôle qu'ils jouent vis-à-vis de la création d'entreprise. Dans certains pays, les États-Unis en particulier, le fait d'être son propre patron est valorisé. En France, aujourd'hui encore, cela n'est pas le cas. Les sociétés américaine et française n'utilisent pas les mêmes critères de valorisation. D'un côté de l'Atlantique, ce qui est reconnu, c'est le parcours réussi d'un entrepreneur, mesuré à l'aune des indicateurs patrimoniaux et des indicateurs de revenus. De l'autre côté, ce qui est socialement valorisé, c'est la qualité du parcours scolaire évalué selon la notoriété des diplômes.

Dans notre pays, nous ne pouvons pas oublier le poids des facteurs sociétaux et politiques.

Un extrait du credo officiel de l'association des entrepreneurs américains souligne, mieux qu'un long développement, les différences culturelles qui subsistent entre nos deux sociétés. « *J'ai choisi d'être différent du commun des mortels. C'est mon droit d'être différent si je le peux. Je cherche des opportunités, pas la sécurité. Je ne veux pas être un citoyen assisté, humilié et diminué par l'État Providence. Je veux prendre le risque calculé de rêver et de bâtir, d'échouer et de réussir. Je refuse les allocations... Je préfère les défis de la vie à une existence en toute sécurité, les frissons du bâtisseur à la quiétude béate de l'utopie. Je n'échangerai pas ma liberté contre un privilège, ni ma dignité contre un bout de papier. Je ne tremblerai devant aucun maître et ne plierai pas devant les menaces. Je me tiens debout, fier et sans peur. J'agis et je pense par moi-même. Je jouis du résultat de mes créations. Je peux regarder le monde en face, avec aplomb et dire : « Cela, je l'ai fait avec l'aide de Dieu. » Voilà ce que signifie être un entrepreneur. »*[1]

À l'évidence, les influences sociétales qui s'exercent sur les Américains sont d'une autre nature – et vraisemblablement d'une autre portée – que celles qui touchent nos propres concitoyens. Ce ne sont pas uniquement des mesures politiques incitatives, en général de courte durée, qui transformeront en profondeur notre culture et les comportements entrepreneuriaux des français. Dans notre cas, les influences de la société d'appartenance sont plutôt négatives. Après les avoir examinées, il nous faut considérer celles de milieux beaucoup plus incitatifs au premier rang desquels il convient de mettre le milieu familial.

Le rôle joué par les ascendants est essentiel. À titre d'exemple, parmi les ingénieurs entrepreneurs (ceux qui ont créé ou repris au moins une entreprise) d'un échantillon sur lequel nous avons travaillé, près de

1. Extraits du credo de l'Association des entrepreneurs américains (1987).

63 % ont des parents proches qui ont exercé des activités entrepreneuriales ou indépendantes. Dans ce travail, nous avons essayé de percevoir l'importance des influences familiales en posant directement la question à des personnes qui étaient déjà passées à l'acte entrepreneurial ou qui envisageaient de le faire. La question portait sur le moment de leur vie où, pour la première fois, ces personnes ont songé à créer ou à reprendre une entreprise. L'enfance et l'adolescence représentent près du tiers des réponses. Certes, la question posée dépasse le cadre strict de l'éveil, mais les réponses constituent néanmoins une indication intéressante. Il apparaît donc que le milieu familial est une source importante d'émergence de l'éveil entrepreneurial.

Mais il n'est pas le seul, et nos travaux sur l'éveil des ingénieurs à l'entrepreneuriat ont mis en évidence le poids des influences émises par l'école et le système éducatif. Nous avons découvert et montré que la culture d'une école d'ingénieurs peut être plus ou moins orientée vers l'entreprise, plus ou moins favorable aux phénomènes de création et de reprise d'entreprises, et que ces dispositions ont des incidences sur la propension à entreprendre des élèves et des diplômés. L'ouverture à l'entrepreneuriat, si elle s'avère problématique dans une école d'ingénieurs, peut se faire dans un univers éducatif complémentaire. Nous montrons que la pluralité des parcours éducatifs est positivement corrélée au développement de la propension entrepreneuriale et qu'elle entraîne un éveil entrepreneurial plus précoce. C'est ainsi que les ingénieurs qui ont complété leur formation initiale en suivant des programmes de formations complémentaires dans des écoles de management ou dans des Instituts d'Administration des Entreprises sont très nombreux à estimer que l'idée de créer ou reprendre une entreprise leur est venue pendant leurs études.

Le système éducatif participe donc à l'éveil entrepreneurial, à travers la culture globale et/ou locale qu'il diffuse, les contenus et les modalités pédagogiques qu'il met en actes, et les parcours diversifiés qu'il propose, parcours intellectuellement et humainement enrichissants pour les individus qui font le choix de la pluralité et de la complémentarité des voies d'éducation. Cependant, si les influences qui viennent de la société, de la famille et du système éducatif ne trouvent pas d'écho, peut-être reviendra-t-il alors au milieu professionnel de sensibiliser et d'ouvrir des individus à l'entrepreneuriat.

C'est pourquoi de très nombreux entrepreneurs situent le moment de naissance de leur désir d'entreprendre pendant leur vie professionnelle. Dans notre échantillon d'ingénieurs entrepreneurs, environ les deux tiers indiquent que c'est dans cette période, et dans la fourchette d'âges 27/37 ans, qu'ils ont vécu ce moment. La vie professionnelle peut éveiller ou non le désir d'entreprendre ou le laisser à jamais à l'état de friches. Cela dépend principalement des contextes, des opportunités et des ouvertures qu'elle offre. Nous montrons, dans notre recherche, que la mobilité professionnelle sous toutes ses formes (fonctionnelle, géographique, sectorielle) et la diversité des expériences représentent des facteurs d'éveil très reliés au développement de l'envie d'entreprendre.

Quelles motivations pour alimenter le désir d'entreprendre ?

Ce n'est jamais – ou rarement – une motivation unique qui constitue le moteur de l'engagement entrepreneurial, mais une combinaison de motivations ; elles ont chacune un poids dans l'esprit de l'individu qui agit et décide en vue de créer une entreprise. Ce qui ressort de l'analyse des motivations des ingénieurs entrepreneurs avec lesquels nous avons été en relation, ne s'oppose pas en cela à ce qu'ont révélé de nombreuses études sur la question. Elle apporte un complément utile à la compréhension des comportements de ce type d'acteur.

C'est une combinaison de motivations qui constitue le moteur de l'engagement entrepreneurial.

La principale motivation avancée par les ingénieurs entrepreneurs est le besoin d'indépendance ou d'autonomie. Elle est citée par plus de 47 % des individus interrogés. Viennent ensuite, le défi personnel (28,6 %) et l'utilisation des connaissances accumulées (22 %). En lien avec le défi personnel, l'excitation liée à la prise de risque recueille plus de 12 % des réponses. Créer ou reprendre une entreprise par jeu intellectuel a été une motivation pour près de 9 % des ingénieurs entrepreneurs. Entreprendre pour de l'argent n'a concerné que 11,5 % des répondants. D'autres motivations, plus classiques, comme la reconnaissance sociale et le besoin de pouvoir n'ont attiré, respectivement, que 2,2 % et 0,5 % des ingénieurs entrepreneurs.

Ces motivations présentent quelques différences avec celles qui sont proposées habituellement par la littérature entrepreneuriale. Si le besoin d'indépendance, le défi personnel ou encore le besoin de changement sont des motivations très souvent citées, en revanche, l'utilisation des connaissances accumulées et le jeu intellectuel apparaissent comme des motivations beaucoup plus spécifiques aux ingénieurs. Nous pensons d'ailleurs qu'au-delà des ingénieurs, ces motivations pourraient concerner plus généralement la population des créateurs diplômés de l'enseignement supérieur. Une étude récente réalisée sur un échantillon de créateurs d'entreprises diplômés de grandes écoles de commerce montre des résultats assez comparables et souligne, à différents niveaux, le rôle de la dimension ludique d'une telle aventure[1]. Il y a dans ces résultats à la fois des éléments de confirmation d'hypothèses anciennes, mais aussi des pistes d'investigation intéressantes.

Le développement du potentiel entrepreneurial, ou comment se préparer à devenir un entrepreneur

La phase d'éveil entrepreneurial peut déboucher sur l'expression d'un désir ou sur une absence de désir.

La phase d'éveil entrepreneurial peut déboucher sur l'expression d'un désir d'entreprendre plus ou moins marqué ou sur une absence de désir. Le désir est une condition importante, nécessaire à l'avènement de l'acte entrepreneurial, mais il n'en est pas une condition suffisante. Pour illustrer ce propos, nous allons nous intéresser à un groupe d'ingénieurs n'ayant pas créé ou repris d'entreprises, mais ayant l'intention de le faire à plus ou moins longue échéance. Ces ingénieurs ont donc pour objectif de devenir entrepreneurs. C'est ce qu'ils affirment.

Du désir à l'acte : difficultés et opportunités

Cependant, quand on examine leurs préférences en termes d'orientation et de choix de carrière, on s'aperçoit que d'autres voies professionnelles (autres que la voie entrepreneuriale) sont esquissées et demeurent possibles. Les hésitations sont davantage perceptibles quand on les interroge sur le moment où ils pensent concré-

1. Voir Fayolle A., Vernier A., Djiane B., « Les jeunes diplômés de l'enseignement supérieur et la création d'entreprise : à la recherche des sensations de plaisir et de jeu », chapitre d'un ouvrage collectif à paraître aux éditions EMS.

tiser leur désir d'entreprendre. Très peu (moins de 10 %) pensent qu'ils passeront à l'acte dans un délai inférieur à une année. Le plus étonnant est qu'ils sont 26 % à indiquer qu'ils ne le feront pas avant cinq ans et que près de 30 % sont incapables de préciser le moment prévu du passage à l'acte entrepreneurial. Du désir au possible, il est nécessaire, entre autres, de disposer de temps. Cela relativise aussi, dans ce cas, la force et l'impact du désir. À quoi ce temps demandé par les entrepreneurs potentiels peut-il bien être utilisé ? Une première façon de répondre est de se pencher sur les obstacles identifiés par les ingénieurs entrepreneurs potentiels eux-mêmes. À la question : *« Si vous avez le désir de créer ou de reprendre une entreprise, qu'est-ce qui vous a principalement empêché, jusqu'à présent, de le faire ? »*, ils répondent en hiérarchisant clairement les difficultés. Nous les reprenons, dans l'ordre de leur importance, dans le tableau ci-après.

Les hésitations sont perceptibles au moment de concrétiser le désir d'entreprendre.

Type de difficulté	**%**
Pas d'opportunité immédiate	37,1 %
Peur du risque	12,4 %
Manque de capital	10,8 %
Manque de connaissance des marchés	10,8 %
Formation à la gestion incomplète	5,9 %
Manque de compétences techniques	5,4 %
Recherche de partenaires	3,8 %
Situation personnelle incompatible	3,2 %
Autres difficultés	8,1 %

Source : thèse de doctorat de A. Fayolle

La difficulté la plus citée est l'absence d'opportunité immédiate. La notion d'opportunité renvoie fortement à l'environnement des ingénieurs (notamment à leur environnement professionnel). Les choix effectués par les individus, en termes de secteurs d'activité, d'espaces territorial, économique et technologique, ne sont pas neutres par rapport à l'existence, à la perception et à la reconnaissance des opportunités. Certains secteurs d'activité peuvent présenter beaucoup plus d'opportunités de création ou de reprise d'entreprises que d'autres. Le manque de connaissance des marchés est lié également à l'environnement professionnel et à l'insuffisante appropriation des concepts et outils d'analyse utiles pour comprendre la structure et le fonctionnement des marchés. Les autres obstacles avancés par les ingénieurs entrepreneurs potentiels sont davantage de l'ordre de ce qu'ils peuvent décoder, ce qui ne signifie nullement qu'ils soient plus faciles à surmonter. La peur du risque représente une difficulté non négligeable, ainsi que l'insuffisance de ressources financières. Le manque de compétences (techniques, liées à la gestion et au management des entreprises) est également un obstacle important, ainsi que, mais dans une moindre mesure, les incompatibilités familiales.

À côté des obstacles et difficultés tels qu'ils sont perçus, nous avons souhaité mieux connaître les causes qui peuvent empêcher les ingénieurs entrepreneurs potentiels de créer un jour leur entreprise. Les raisons invoquées sont édifiantes. Plus de 45 % des personnes interrogées soulignent la prégnance du risque relativement à d'autres situations professionnelles. Environ 23 % arguent d'une préparation insuffisante à la fonction de dirigeant. 22 % disent clairement qu'ils ont de bonnes opportunités de carrière dans de grandes entreprises. Enfin, 15 % des individus évoquent d'autres raisons comme l'éloignement d'avec les valeurs et le métier d'ingénieur, l'insuffisante consistance de l'idée ou encore la baisse du niveau de vie.

Il ressort de ces observations que le passage du désir au possible et à l'acte d'entreprendre est beaucoup plus complexe et bien moins évident qu'il n'y paraît de prime abord. D'une part, il est nécessaire que l'ingénieur puisse rencontrer des opportunités de création ou de reprise d'entreprise. Ceci ne peut s'envisager qu'à travers l'existence d'une trajectoire professionnelle, aussi courte soit-elle, qui va confronter l'ingénieur à des situations concrètes dans des espaces économiques donnés. Il faut, d'autre part, qu'il ait le sentiment que son potentiel entrepreneurial lui permettra de rendre l'opération possible. C'est-à-dire le sentiment d'avoir ou de pouvoir acquérir avec trop de difficultés les ressources qu'il identifie comme étant indispensables à la satisfaction de son désir, à l'atteinte de ses buts et à la concrétisation de son projet. Ces ressources concernent des domaines variés où se mêlent des compétences, des connaissances, des relations ou des éléments de nature plus matérielle. La réflexion et le travail sur les ressources, la découverte des mécanismes d'identification, d'évaluation et les apprentissages nécessaires à leur acquisition sont bien au cœur de ce que nous avons appelé le développement du potentiel entrepreneurial.

Quels facteurs agissent sur le potentiel entrepreneurial ?

Les processus de création et de développement d'un potentiel entrepreneurial s'inscrivent dans le temps et sont affectés par des facteurs qui font évoluer le niveau de ce potentiel. Celui-ci peut être, à un moment donné, plus ou moins élevé, plus ou moins important. Il porte, nous l'avons vu, sur des ressources internes et externes qui peuvent évoluer, facilement ou non, rapidement ou non, dans le temps. Cela peut se faire d'une façon réfléchie, programmée, consciente ou, à l'opposé, sans que la conscience ait joué un grand rôle. Accroître un potentiel entrepreneurial consiste à acquérir et à développer des ressources clés pour entreprendre. Cette phase du processus entrepreneurial est souvent l'occasion, pour les individus concernés, de faire évoluer leurs perceptions et leurs représentations de l'entreprise et de son environnement, ainsi que leur propre position par rapport aux notions de risque et d'échec. Au cours de cette phase, des réseaux, plus ou moins directement utiles, peuvent être constitués, des partenaires potentiels identifiés, et les ressources financières augmentées.

Les processus de création et de développement d'un potentiel entrepreneurial s'inscrivent dans le temps.

Parmi les facteurs qui agissent sur le potentiel entrepreneurial, ceux qui sont sous le contrôle direct de l'acteur s'avèrent très souvent de la première importance. C'est le cas, par exemple, de la propension au changement et de la capacité à prendre des initiatives, aptitudes qui se situent dans des registres comportementaux, et qui ont pu être développées de différentes façons dans la vie professionnelle, dans la vie personnelle ou dans la vie scolaire et universitaire. La création d'associations ou l'implication dans la vie associative constituent des opportunités et des terrains favorables au développement d'attitudes et de comportements de ce type. Avoir envie de changer des systèmes, des dispositifs et des organisations existants, même modestement, même à petite échelle, et l'avoir fait, permet de mieux comprendre les processus de changement, de mieux se positionner en tant qu'acteur, et de réfléchir aux notions d'incertitude, de risque et d'acceptation des risques. Cela revient à dire qu'il est plus facile d'accepter et de vouloir le changement dans sa vie personnelle et dans un environnement d'affaires si on l'a déjà vécu soi-même, sous d'autres formes et dans d'autres contextes.

Dans un registre quelque peu différent, il nous paraît possible de développer des comportements entrepreneuriaux à travers la voie de la formation continue. Certaines personnes peuvent, pour des raisons diverses, être passées à côté de leur formation initiale et découvrir à l'âge adulte l'intérêt d'une bonne formation et le rôle social joué par les diplômes dans notre pays. Ce constat peut les amener à entreprendre, avec une volonté très forte, des démarches et des parcours de formation débouchant sur l'acquisition de connaissances et de diplômes, même si cela les amène à vivre des situations parfois délicates où il faut concilier vie personnelle et vie affective, vie professionnelle et vie universitaire. Nous avons constaté que ces situations étaient propices à l'accroissement du potentiel entrepreneurial de ces personnes. La formation complémentaire, diplômante ou non, quand elle ouvre sur des compétences nouvelles, utilisables dans un projet entrepreneurial ou dans la gestion et le management d'une entreprise, constitue également un facteur positif de développement de ce potentiel.

Enfin, les compétences et comportements entrepreneuriaux peuvent être acquis et développés au cours de l'expérience professionnelle. Apprendre à vendre, apprendre à gérer un budget, des ressources, des équipes dans des entreprises, tout cela est utile, voire indispensable pour entreprendre. Visiblement, les ingénieurs qui restent dans des fonctions techniques et qui donnent peu de variété à leur expérience professionnelle auront beaucoup moins d'occasions de procéder aux acquisitions que nous avons évoquées que ceux qui sont plus mobiles. La mobilité professionnelle sous toutes ses formes (mobilité fonctionnelle et mobilité interentreprises), outre qu'elle peut être un facteur d'éveil, est donc aussi un facteur important de développement du potentiel entrepreneurial. De plus, elle entraîne souvent la mobilité géographique en France et hors de France, avec son cortège de changements sociaux et parfois culturels, ce qui, par voie de conséquences, induit l'émergence et l'utilisation de mécanismes d'adaptation au changement.

La décision d'entreprendre : un pas de plus ou le grand saut ?

La décision d'entreprendre intervient généralement au cours de la phase de développement du potentiel entrepreneurial. Ce n'est pas l'étape la plus facile. On peut ressentir le désir et penser qu'on n'est pas encore suffisamment préparé. On peut aussi se sentir convenablement armé, mais estimer que les conséquences de la décision sont trop lourdes sur un plan personnel, familial et/ou économique, et remettre la décision à plus tard. L'inconvénient, c'est que, dans ce cas, on peut passer toute une vie à remettre à plus tard sa décision d'entreprendre, surtout si l'on dispose d'atouts, de diplômes, de références qui représentent à la fois une garantie et une valeur attractive pour les employeurs éventuels. Pour mieux éclairer ce qui peut se passer dans cette phase particulière du processus entrepreneurial, nous allons tout d'abord engager une réflexion sur les facteurs qui peuvent déclencher la décision d'entreprendre. Puis nous terminerons en développant un propos sur les éléments qui peuvent altérer ce processus particulier de décision.

Cette décision intervient généralement pendant le développement du potentiel entrepreneurial.

Les déclencheurs de la décision d'entreprendre

Pour nous, les facteurs qui déclenchent la décision d'entreprendre relèvent parfois de l'environnement des personnes concernées, des situations et des contextes dans lesquels elles se trouvent. Dans d'autres cas, ils sont intimement liés aux individus eux-mêmes. Très souvent, il s'agit d'une motivation tellement ancrée et puissante qu'elle fait oublier (ou relativiser) tous les obstacles.

Une motivation puissante fait oublier tous les obstacles.

Si l'on analyse les raisons qui ont conduit les ingénieurs entrepreneurs de notre échantillon, à créer ou à reprendre une entreprise, c'est-à-dire les fondements de leur décision, on arrive à des conclusions qui de notre point de vue, ne sont pas fondamentalement différentes de ce qui a déjà été observé pour d'autres catégories d'entrepreneurs. La raison la plus fréquemment avancée est la découverte d'une opportunité intéressante. Arrive en seconde position la rencontre de personnes qui s'avèrent être des partenaires complémentaires et utiles. Nous trouvons ensuite la perte d'emploi ou la menace de perte d'emploi. L'insatisfaction professionnelle arrive en quatrième position. Le rythme normal d'évolution de carrière dans l'entreprise constitue la dernière raison fortement invoquée, c'est-à-dire au-delà de 10 % des réponses. Les autres raisons apparaissent moins importantes, comme le capital disponible, l'obtention d'aides financières, la reprise de l'entreprise familiale ou encore une rupture dans la vie personnelle. Ces résultats ne sont pas en contradiction avec ce que révèle la littérature entrepreneuriale. On retrouve notamment dans les raisons principales les facteurs positifs et négatifs de A. Shapero.

Il est évident que les incertitudes pesant sur l'emploi, de même que l'insatisfaction professionnelle, sont à l'origine de situations de rupture et de discontinuité sur un plan professionnel, lesquelles constituent des facteurs déclencheurs efficaces. Prenons l'exemple d'un de nos ingénieurs entrepreneurs, pour illustrer ce que nous venons de dire. Ce dernier expose la situation qui était la sienne et les raisons qui l'ont poussé à la création d'une entreprise : *« Je travaillais à Paris. Ma famille résidait à Lyon pour des raisons liées à l'éducation de nos enfants. Mon entreprise connaissait des difficultés financières et m'a proposé un licenciement économique négocié. À 45 ans, il n'est pas facile, pour un ingénieur diplômé d'une grande école, de retrouver un job bien rémunéré. Face à ces difficultés, et pour retrouver ma région d'origine, je n'avais pas d'autre alternative que celle de créer ma propre entreprise. »*

D'autres situations de discontinuité professionnelle peuvent naître lorsque l'entreprise, par exemple, ne permet plus à l'ingénieur de poursuivre le développement d'un projet très technique, d'un produit ou d'une technologie, et ce pour des raisons stratégiques ou financières. Ces situations peuvent être très diverses. L'insatisfaction peut être difficile à contenir lorsque des besoins psychologiques forts ne sont pas (ou plus) satisfaits dans l'entreprise. Citons, en particulier, le besoin d'indépendance, le besoin d'accomplissement ou la recherche d'une grande autonomie dans le travail. Les écarts, parfois élevés, entre les aspirations individuelles et la réalité professionnelle vécue peuvent générer une très forte motivation pour entreprendre. C'est ce que nous ont rapporté plusieurs ingénieurs entrepreneurs que nous avons interrogés et dont nous reprenons ci-après les propos. On le verra, les valeurs des ingénieurs, au même rang que leurs motivations, représentent parfois des éléments qui comptent dans la décision.

« Je recherche la maîtrise totale de mes actes, l'autonomie et l'indépendance. » « Je veux pouvoir m'exprimer dans mon travail, avoir une grande liberté d'innovation. Je recherche l'autonomie et les responsabilités. J'ai envie d'assumer mes choix et de supporter les conséquences de mes décisions. » « J'ai envie de faire et d'entreprendre. J'éprouve du plaisir à mener les hommes, à diriger une équipe. La dimension sociale est importante pour moi, je veux pouvoir appliquer mes idées sur le management des hommes ; le plaisir dans le travail et l'épanouissement personnel sont également importants. J'ai envie de m'éclater. » « Les critères importants, pour moi, sont d'être maître de mon destin, et d'être confronté à la réalité. Il faut avoir la main pour s'amuser. » « Je recherche l'excitation intellectuelle, l'argent et le pouvoir sont pour moi secondaires. »

Des éléments qui peuvent favoriser ou inhiber le processus et la décision

Après avoir tenté de montrer quelques facteurs déclencheurs de la décision (ou la précipitant), nous souhaitons ici parler plus globalement des facteurs qui ne concernent pas seulement la phase de décision, mais l'ensemble du processus. Ces facteurs agissent cependant sur la décision, la rendant très difficile à prendre ou pouvant la bloquer.

Nous avons déjà eu l'occasion d'évoquer les facteurs qui peuvent favoriser le processus, en particulier lorsque nous avons présenté ce qui peut jouer un rôle sur l'éveil et/ou contribuer à développer le potentiel entrepreneurial. Jusqu'à présent, nous avons essentiellement insisté sur le versant positif ou favorable de ces

De très nombreux facteurs peuvent jouer un rôle favorable à l'entrepreneuriat dans un sens, et inhibiteur du processus dans un autre sens.

facteurs et avons pratiquement omis de discuter leurs autres caractéristiques. En effet, de très nombreux facteurs liés à l'individu, à la société, aux milieux politique, familial, éducatif, professionnel, jouent un double rôle : favorable à l'entrepreneuriat dans un sens, défavorable et inhibiteur du processus dans un autre sens. Ces facteurs ont des causes multiples et variées, qui relèvent de l'individu et de son environnement, de son espace d'opportunités professionnelles et de ses ressources matérielles et immatérielles.

Il peut s'agir de représentations de l'entrepreneuriat véhiculées par certains milieux ou par la société elle-même. Le fait, par exemple, que la création ou la reprise d'entreprises soit plutôt une affaire d'hommes peut exercer, à priori, une influence négative sur les femmes et contribuer à tempérer l'envie et l'enthousiasme des candidates déclarées. Certains secteurs d'activité peuvent avoir, à un moment donné, une image négative et véhiculer des représentations du phénomène entrepreneurial de nature à décourager les entrepreneurs potentiels. C'était le cas, par exemple, des secteurs de l'informatique dans la première moitié des années 1990. On sait aujourd'hui que ces secteurs ont retrouvé un niveau d'attractivité particulièrement intéressant. L'informatique est d'ailleurs un bon exemple d'industrie soumise à des effets de cycles qui lui font connaître des périodes euphoriques suivies de phases de dépression tout aussi marquées. La création d'entreprise et son image sociale sont corrélées à ces mouvements de fond.

Certains facteurs sont en lien avec ce qu'est l'individu. Un trop fort besoin de reconnaissance peut amener à écarter provisoirement ou définitivement des personnes de la voie entrepreneuriale, d'autres voies professionnelles étant jugées moins risquées et plus faciles, susceptibles de servir davantage une logique de carrière destinée, en partie, à satisfaire ce type de besoin. Les besoins de sécurité d'emploi et de stabilité professionnelle constituent également des éléments qui peuvent inhiber le processus entrepreneurial de certaines personnes. Ces besoins sont perçus comme étant contradictoires avec la nécessaire prise de risques liée à l'idée que l'on se fait de toute démarche de création d'entreprise.

L'environnement familial peut jouer, lui aussi, un rôle dans l'apparition de tels facteurs. Par exemple, nous avons observé qu'une opposition peut naître d'une différence de conception sur le rôle et la place de l'ingénieur dans notre société, entre des individus de même famille ayant ce statut, mais appartenant à des générations différentes. Les oppositions père-fils représentent un cas assez fréquent. Autant le père qui est lui-même entrepreneur peut influencer positivement son enfant, autant le père ingénieur resté salarié peut, dans certains cas, exercer des influences négatives liées à ses propres représentations et expériences. Enfin, la situation familiale et le poids des engagements et des responsabilités peuvent, parfois, mettre des freins et/ou des blocages au processus entrepreneurial. L'entrepreneur potentiel marié avec la responsabilité de plusieurs enfants, et dont le conjoint ne travaille pas, n'envisage certainement pas de la même manière le passage à l'acte entrepreneurial que celui qui est célibataire sans responsabilités familiales. Par ailleurs, des personnes habituées au confort matériel que leur procure une situation professionnelle valorisante peuvent longtemps hésiter et retarder la prise de décision pour ne pas mettre en cause ces positions, ne pas transformer leur style de vie personnelle et celui de leur famille.

L'espace d'opportunités professionnelles, tel qu'il est perçu par les individus, peut apparaître plus ou moins ouvert, c'est-à-dire qu'il peut offrir plus ou moins de possibilités. La formation et l'expérience structurent cet espace. Le déroulement de la carrière et les choix d'orientation professionnels sont, à cet égard, des éléments souvent décisifs. Une spécialisation technique liée à des secteurs d'activité économique à très forte intensité capitalistique (chimie, électronique...) peut constituer un facteur de ralentissement important, voire même un obstacle difficilement contournable. D'autres freins sont liés à l'expérience professionnelle, par exemple au type d'entreprise dans lequel a évolué l'individu concerné. Avoir travaillé dans une petite ou moyenne entreprise prépare certainement davantage les individus à ce que sera leur futur contexte professionnel s'ils créent ou reprennent une entreprise. À l'inverse, une grande entreprise privée ou publique, ainsi qu'une administration centrale ou territoriale, développent chez les individus des comportements et des habitudes contradictoires avec l'esprit et les modes de fonctionnement des entreprises en phase de création et de reprise. La structure est prégnante dans une grande entreprise et la division du travail confine les personnes dans des tâches spécialisées. Les services centraux fonctionnels, le personnel, les secrétaires réalisent des tâches dont les cadres moyens et supérieurs n'ont qu'une connaissance limitée. D'autre part, les cadres et certains employés bénéficient d'attributs sociaux et d'avantages matériels et immatériels liés à leur rang et à leur position sociale. La création ou la reprise par eux d'une entreprise aura pour première conséquence l'abandon de ces privilèges et l'acceptation d'une transformation parfois profonde de leur style de vie professionnelle.

Pour terminer, il convient de souligner l'importance des facteurs liés aux ressources matérielles et immatérielles. Certains individus peuvent estimer, à un moment donné, que ces ressources sont insuffisantes ; dans ces conditions, de nombreuses personnes diffèrent la réalisation de leur projet. Les ressources en question peuvent être financières, relationnelles ou liées à des connaissances et compétences techniques et/ou managériales. La constatation d'un décalage entre des ressources jugées nécessaires ou utiles et des ressources disponibles incite les acteurs à s'engager dans des démarches de mise à niveau. La question des ressources joue doublement. Elle interroge tout d'abord les aptitudes et compétences entrepreneuriales : tout individu éveillé à l'entrepreneuriat et qui exprime un désir d'entreprendre est capable, seul ou avec l'aide d'autres personnes, de définir les ressources qui lui sont nécessaires pour ce faire et pour diriger une entreprise ; il peut alors estimer qu'il dispose ou ne dispose pas des ressources considérées comme nécessaires ; dans ce dernier cas, s'il persiste dans son intention de satisfaire son désir, il peut souhaiter, en jouant sur la formation ou en orientant sa carrière vers des fonctions adéquates, développer les ressources qui lui sont indispensables. D'autre part, lors de l'existence d'un projet précis, la question des ressources concerne moins directement l'acteur dans ses savoir-faire et surtout son savoir-être, mais plus dans ses disponibilités financières, et dans sa capacité à mobiliser des réseaux et des relations. Des insuffisances et lacunes dans ce domaine peuvent ralentir le projet et parfois même le remettre en cause d'une façon plus radicale.

Comprendre la dynamique et les moteurs de l'acte entrepreneurial

L'hypothèse principale que nous formulons concernant les logiques d'action qui conduisent à la création ou à la reprise d'entreprise s'inscrit d'une façon cohérente dans le cadre conceptuel que nous venons de présenter, et qui décrit le processus comme se déroulant en trois phases : éveil, développement d'un potentiel et décision d'entreprendre. Pour nous, les logiques d'action sont mises en œuvre pendant la phase de développement du potentiel entrepreneurial, même s'il n'est pas exclus que, dans certains cas, elles naissent au cours de l'éveil. Les logiques d'action forment un aboutissement de la phase de développement du potentiel ; elles constituent de puissants moteurs qui vont diriger l'acteur et son projet vers le passage à l'acte d'entreprendre. Elles sont aussi les conséquences de configurations particulières du système d'action entrepreneurial ; elles résultent d'interactions et de transactions au sein de ce système et entre le système et son environnement. Le système

Le système d'action entrepreneurial fonctionne comme une générateur de logiques d'action.

d'action entrepreneurial fonctionne, dans notre esprit, comme un véritable générateur de logiques d'action conduisant à des créations ou reprises d'entreprises.

Quelles sont les composantes du système d'action entrepreneurial ? Nous le voyons organisé autour de trois pôles :

- l'acteur est ses motivations, ses besoins, ses croyances, ses valeurs et son histoire,
- les ressources matérielles et immatérielles,
- l'espace d'opportunités professionnelles.

L'acteur peut être éveillé ou non à la création ou à la reprise d'entreprises. Ses ressources peuvent lui permettre de disposer d'un potentiel entrepreneurial plus ou moins élevé. Son espace d'opportunités professionnelles peut être plus ou moins ouvert en fonction de son âge, de son expérience professionnelle et des secteurs d'activité dans lesquels elle s'est déroulée. Ces premières considérations faites, nous allons poursuivre notre raisonnement en décrivant un modèle de système d'action entrepreneurial dont nous verrons qu'il est générateur de logiques d'action, puis nous donnerons de nombreux exemples du fonctionnement de ce modèle, à partir de cas extraits de nos travaux sur les ingénieurs.

Un modèle de système générateur de logiques d'action qui conduisent à la création/reprise d'entreprises

Le modèle dont nous proposons une représentation schématique ci-après est construit autour des trois pôles : acteur, espace d'opportunités professionnelles et ressources. Ces pôles constituent les composantes d'un système ouvert sur l'environnement personnel et professionnel de l'acteur. Dans cet environnement et dans la résultante des interactions entre le système d'action et son environnement, peuvent apparaître des facteurs qui vont contribuer à l'éveil, qui agiront sur le potentiel entrepreneurial ou qui déclencheront la décision d'entreprendre. Nous pouvons schématiser le système et son environnement de la façon suivante.

Des interactions entre système d'action et environnement, peuvent résulter des facteurs contribuant à l'éveil entrepreneurial.

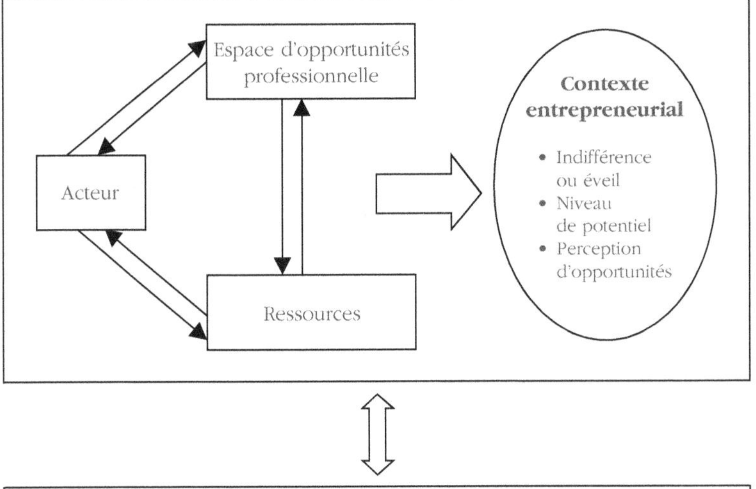

À chaque instant, dans ses trajectoires de vie personnelle et professionnelle, tout individu est dans une configuration acteur/espace d'opportunités professionnelles/ressources et dans un contexte entrepreneurial donné. L'acteur, soumis à des influences multiples est plus ou moins ouvert à l'entrepreneuriat. Il a une certaine idée de sa carrière, de ses possibilités professionnelles, de ses aptitudes et de l'état de ses ressources. Structuré par des expériences professionnelles et des formations, l'espace d'opportunités est plus ou moins large. Les orientations possibles sont plus ou moins nombreuses. Parmi ces orientations, se trouvent ou non des pistes et des projets de création ou de reprise d'entreprises.

Les processus d'acquisition et de développement de ressources internes et externes agissent sur le niveau du potentiel entrepreneurial qui peut être perçu par l'acteur, à un moment donné, comme étant plus ou moins élevé. La configuration acteur/espace d'opportunités/ressources se déplace, évolue en fonction du temps. Dès lors qu'un changement intervient sur l'un ou l'autre des trois pôles, il peut remettre en cause la cohérence et l'équilibre du système et est susceptible d'entraîner des modifications au niveau du contexte entrepreneurial : accroissement de l'ouverture à l'entrepreneuriat et apparition de l'éveil, apparition d'opportunités et de projets entrepreneuriaux, élévation du potentiel à entreprendre.

L'acteur change. Il peut être plus réceptif et ouvert à la création ou à la reprise d'une entreprise. L'espace d'opportunités professionnelles évolue également. Ces évolutions sont liées à l'expérience professionnelle acquise et à des modifications structurelles et conjoncturelles qui affectent les secteurs d'activité économique. L'expérience professionnelle peut faciliter l'émergence de nouvelles opportunités de carrière. L'acteur et son espace d'opportunités professionnelles évoluent, les ressources aussi. Des événements, comme les rencontres, les formations, les expériences ou les situations vécues peuvent amener de nouvelles ressources ou augmenter des ressources existantes. Ce sont des changements importants au niveau de la configuration et/ou du contexte entrepreneurial qui peuvent conduire un individu à envisager, désirer et réaliser la création d'une entreprise, dans le cadre d'une logique d'action qui s'appuie sur une dominante liée à la motivation, à la carrière ou à la valorisation d'un potentiel entrepreneurial.

Une logique d'action donnée va s'articuler fortement autour d'un des trois pôles qui va jouer un rôle de moteur. C'est en cela qu'est pertinente la notion de dominante. Cela ne veut pas dire que les autres pôles n'interviennent pas et ne participent pas à la dynamique propre à la logique d'action en question, mais simplement qu'un des trois pôles est principal dans le processus. Les travaux que nous avons réalisés sur les ingénieurs entrepreneurs nous ont permis d'identifier huit logiques d'action différentes, regroupées au sein des trois dominantes que nous venons d'exposer. Nous allons maintenant présenter et illustrer ces logiques. Les cas utilisés portent sur des situations d'ingénieur, mais les enseignements que l'on peut en tirer ont une portée beaucoup plus générale.

Les logiques d'action principales qui conduisent à l'acte d'entreprendre

Chacune des logiques d'action que nous allons décrire et illustrer à l'aide de plusieurs cas trouve sa substance et sa raison d'être dans une combinaison d'éléments articulés autour de trois pôles, avec un ancrage dominant sur l'un de ces trois pôles.

Certaines logiques d'action s'articulent autour de trois pôles.

Les logiques d'action des dominantes de la motivation

Le désir naît de la force des motivations.

Ces logiques d'action s'appuient très fortement sur le pôle « acteur ». Ce dernier est déterminant dans l'apparition d'une force motrice qui va provoquer un changement du contexte entrepreneurial dans lequel évolue l'individu. Cette force est alimentée par des motivations très souvent identiques à celles qui sont mises en avant par les théories psychologiques concernant l'entrepreneur, comme le besoin d'indépendance, l'aspiration à l'autonomie et le besoin de changement. De la force des motivations vont naître le désir et la passion.

La logique du désir d'entreprendre

Pour illustrer cette première logique d'action, nous allons nous intéresser à des situations présentées dans deux cas.

L'étudiant qui désirait devenir entrepreneur

B.L.T. est issu d'une famille d'experts-comptables et de personnes qui exercent un métier d'expert dans des activités libérales en relation avec des entreprises. B.L.T. aime la mer ; selon lui, la pratique de la navigation l'a doté d'un grand pragmatisme et d'une bonne capacité d'adaptation. De plus, elle lui a permis de développer ses besoins de liberté et d'indépendance et a contribué à lui forger un caractère affirmé.

Les aptitudes en mathématiques et en sciences physiques de B.L.T. le conduisent à s'orienter vers des études d'ingénieur et à intégrer une école recrutant sur concours après le baccalauréat. Au cours de ses études, B.L.T. effectue des stages dans deux sociétés. La première est une grande entreprise très structurée, avec une division du travail très poussée, où il a l'opportunité de travailler sur un projet de réorganisation d'atelier. La seconde est une entreprise encore plus importante, Michelin, où il va participer à la mise au point d'un logiciel de conception assistée par ordinateur.

Le premier stage, qui est en fait une première expérience professionnelle, lui fait prendre pleinement conscience de son besoin d'indépendance et de sa faible propension à travailler dans une structure importante très hiérarchisée. B.L.T., selon ses propres termes, ne veut pas être un ingénieur « lambda ». Ce moment de sa vie professionnelle est entré en résonance avec certaines composantes de sa vie personnelle, et c'est à partir de là que son désir d'entreprendre est apparu. À l'issue de ses études, ayant en poche son diplôme de l'École Nationale d'Ingénieur de Saint-Étienne, il décide de refuser une proposition d'emploi faite par Michelin et de créer sa première entreprise d'ingénieur conseil. Quelques années plus tard, il crée une seconde entreprise dans le domaine de la productique. L'activité de cette deuxième entreprise est directement liée à sa seconde expérience professionnelle, développée pendant ses études d'ingénieur.

La phase d'ouverture à l'entrepreneuriat intervient très tôt dans ce cas (dès le premier stage effectué au cours de ses études), pour un individu immergé dans un milieu familial où de nombreuses figures parentales sont des travailleurs indépendants. L'espace d'opportunités professionnelles de B.L.T. est rapidement ouvert, mais, s'agissant des possibilités d'entreprendre, de sérieuses limites existent encore. En effet, à ce niveau, seules les expériences développées au cours des stages peuvent être utilisées. B.L.T. va s'appuyer sur ce bagage et choisir son premier métier, ingénieur conseil pour des P.M.E. dans le domaine des études et méthodes de production, en puisant beaucoup dans ce qu'il a appris au cours de son premier stage. Ses ressources mobilisables au départ sont d'ordre technique (sa spécialisation en mécanique acquise à l'école) et relationnel (le réseau régional des diplômés de son école d'ingénieur).

Le cas de B.L.T. illustre une premier type de situations. Celui d'une individu, en l'occurrence un ingénieur, qui décide de créer son entreprise dans un espace d'opportunités relié à sa spécialisation technique et en utilisant au mieux les ressources offertes par son école et celles qu'il a acquises et développées pendant ses études. Cela n'est pas toujours le cas.

La force du désir à l'âge de la maturité

P.M. a des origines familiales modestes. Il s'oriente vers des études d'ingénieur qu'il effectue à l'Institut National des Sciences appliquées de Lyon, en prenant l'option du génie mécanique. Son expérience professionnelle se déroule dans deux entreprises de la région lyonnaise et P.M. travaille principalement dans des fonctions d'études, de recherche-développement et de direction de production. L'ouverture à l'entrepreneuriat intervient après la trentaine et P.M. évoque cette période en précisant qu'il sent, à ce moment-là, une forte envie d'entreprendre monter en lui.

P.M. est marié et père de cinq enfants. Son épouse ne travaille pas. Dans ces conditions, sa problématique est d'arriver à rendre compatible son objectif d'entreprendre avec sa situation familiale qui l'oblige à avoir des rentrées régulières d'argent et qui le conduit à écarter les initiatives et les projets professionnels comportant trop de risques. Très rapidement, P.M. en arrive à la conclusion que la bonne solution, dans son cas, est la reprise d'une entreprise en bonne santé.

Une incitation à pousser plus loin les investigations survient quand, dans la seconde entreprise dans laquelle il travaille, il estime ne plus avoir de possibilités de progression. L'insatisfaction qui naît de ce constat joue le rôle de déclencheur. P.M. parle alors à son employeur de son projet d'entreprendre, profitant du fait que son interlocuteur traverse un cap difficile. Les négociations se passent bien et P.M. peut rapidement bénéficier d'un aménagement de son temps de travail pour développer son projet de reprise. D'autre part, après quelques mois passés dans ce cadre aménagé, P.M. obtient un licenciement pour raison économique, ce qui lui permet d'acquérir un capital financier de départ.

Il affine alors son projet, définit ses cibles, met en place son système d'information et va suivre une programme d'appui de six mois à la création/reprise d'entreprises. Après un parcours d'une durée totale de 18 mois et l'étude de nombreux dossiers, il reprend une entreprise spécialisée dans l'étude et la mise en fonctionnement d'installations de traitement et de conditionnement de l'air. Lorsqu'il concrétise son désir, P.M. approche de la quarantaine.

Dans ce cas, la phase d'ouverture à l'entrepreneuriat intervient pendant la vie professionnelle. Le désir d'entreprendre devient assez rapidement un élément moteur dans une situation professionnelle qui s'est transformée et qui laisse apparaître des insatisfactions. La gestion des risques personnels et familiaux est abordée à travers le choix du type de situation entrepreneuriale visée. P.M. opte pour la reprise d'une entreprise en bonne santé car il a le sentiment que cela va lui permettre d'avoir des revenus réguliers, de minimiser les risques d'échec, et que, ainsi, il n'exposera pas trop sa famille.

Son espace d'opportunités entrepreneuriales lui offre un choix de secteurs d'activité liés à son expérience professionnelle et à sa spécialisation d'ingénieur. En définitive, le secteur d'activité de l'entreprise retenue est assez différent de ceux qu'il a connus dans sa vie professionnelle antérieure ; il est quelque peu éloigné du cœur de ses compétences techniques. Cet élément a d'ailleurs fait hésiter P.M. au moment de la décision finale. Mais son capital technique lui donnait l'assurance d'une acquisition possible des connaissances requises sur un plan théorique, les compétences et savoir-faire pratiques liés au métier devant lui être transmis par le cédant sur une période d'une année. Les autres ressources de P.M., notamment les ressources financières, se sont avérées compatibles avec les besoins relatifs au projet. Ce repreneur, en suivant une formation au management des projets entrepreneuriaux de près de six mois, s'est trouvé dans une démarche d'anticipation de sa future situation qui lui a permis, entre autre, de se préparer au métier de dirigeant d'entreprise. Selon lui, ce programme de formation l'a beaucoup aidé à comprendre la complexité du management d'une entreprise.

La logique du projet passion

C'est une logique dans laquelle l'individu n'utilise pas obligatoirement son espace d'opportunités professionnelles.

La logique du projet passion trouve également sa substance dans la forte motivation de l'acteur. Mais dans cette logique d'action, l'individu n'utilise pas obligatoirement son espace d'opportunités professionnelles. Son projet est relié à d'autres domaines, à d'autres dimensions de sa vie personnelle. Pour mieux saisir la logique du projet passion, nous allons étudier deux autres cas.

La passion de la montgolfière

J.G. et M.G. se rencontrent en classes préparatoires à Paris, avant de sortir ensemble de l'École Polytechnique et de faire, dans la foulée, l'École Nationale des Ponts et Chaussées. Ils ont alors 27 ans. Leur premier employeur est l'entreprise qu'ils créent ensemble autour d'une passion commune : la montgolfière. Au départ, pour eux, il s'agit d'allier l'utile à l'agréable. Avec l'aide de leur école, J.G. et M.G. proposent à d'autres élèves-ingénieurs et à des personnes de sociétés partenaires de prendre leur baptême de l'air en montgolfière et de découvrir d'une autre façon des paysages et des lieux prestigieux.

Le projet évolue ensuite, il se structure, et l'opportunité économique de créer une entreprise autour des prestations de départ s'impose presque naturellement. Il faut donc aux deux acteurs réaliser le montage financier et convaincre des investisseurs et des banques de les suivre dans leur projet. Aujourd'hui, les premiers bilans semblent satisfaisants et les entrepreneurs pensent aux prochaines étapes du développement de leur entreprise.

Dans ce cas, donc, l'ouverture à l'entrepreneuriat a lieu pendant les études. L'élément moteur est la passion des deux protagonistes pour la montgolfière et l'envie de la partager avec d'autres personnes. L'idée qu'une entreprise pourrait naître de cette passion prend place peu à peu, et, dès que la faisabilité en est démontrée, J.G. et M.G. passent à l'acte. Les deux ingénieurs, diplômés d'une grande école, ont créé à partir de leur passion commune leur propre opportunité de création d'une entreprise.

En termes de ressources, le capital scientifique et technique de J.G. et M.G. n'est ni mobilisé, ni utilisé dans ce projet. Par contre, les ressources relationnelles développées au sein des deux écoles fréquentées s'avèrent déterminantes tout au long du processus et dans la concrétisation du projet. Nous ne pensons pas qu'un tel projet aurait pu être réalisé ailleurs qu'à Paris et par des personnes non pourvues d'un capital social aussi important.

L'amour de la montagne

Y.V. est le fils de deux guides de haute montagne. Ses parents lui ont donné très tôt l'occasion de découvrir et d'aimer la montagne à travers de multiples activités liées à la pratique de sports alpins comme le ski, la randonnée ou l'escalade. Dans ces conditions, Y.V. a, depuis sa plus tendre enfance, une passion pour la montagne. Y.V. est par ailleurs un bon élève qui, à l'issue de ses études secondaires, intègre l'Institut National des Sciences Appliquées de Lyon où il suit une formation d'ingénieur en génie mécanique. Pour compléter ses études, Y.V. décide d'acquérir des connaissances et compétences dans les domaines de la gestion et du management. Dans ce but, il se présente à des concours d'admission dans des grandes écoles de commerce et est reçu à l'École de Management de Lyon.

Pendant ses études dans cette école, il travaille sur un projet de création d'une entreprise. Il s'agit de relancer un concept d'activités sportives de haute montagne que son père avait imaginé avec d'autres guides quelques années auparavant. Ces activités sont en sommeil depuis la mort accidentelle de son père lors d'une randonnée. Y.V. actualise le concept des stages V. et propose un catalogue d'activités de ski hors-piste, de ski de l'extrême, de ski héliporté, de surf-alpinisme. Il organise également des expéditions de haute montagne en France et à l'étranger. Le lancement des stages

V. et la création effective de l'entreprise interviennent à l'issue de la formation à l'EM Lyon. Peu de temps après, Y.V. devient lui-même guide de haute montagne.

Le projet de Y.V. est très profondément ancré en lui. Il le porte depuis son intégration à l'EM Lyon. Il n'est pas relié à sa formation d'ingénieur, ni à sa spécialisation technique. L'espace d'opportunités professionnelles n'est pas utilisé. Les stages effectués dans des entreprises lors des études à l'INSA et à l'EM Lyon ne sont pas exploités, en tout cas pas d'une façon apparente. Les ressources utilisées sont personnelles et comprennent essentiellement un capital relationnel lié aux activités de haute montagne visées. Lorsqu'il crée et lance les stages V., Y.V. ne s'appuie pas sur son capital scolaire ; à la limite, on peut même se demander si les formations suivies par Y.V. dans l'enseignement supérieur ont joué un quelconque rôle dans ce processus entrepreneurial.

Les logiques d'action de la dominante de la carrière

Les logiques d'action de la dominante de la carrière partent de l'espace d'opportunités professionnelles de l'individu. C'est à partir de ce pôle que les possibilités sont identifiées, évaluées et que la démarche entrepreneuriale se structure. Nous avons rattaché à cette dominante de la carrière trois logiques d'action différentes que nous allons présenter maintenant.

C'est à partir de l'espace d'opportunités professionnelles que la démarche entrepreneuriale se structure.

La logique de la réinsertion professionnelle

Cette logique d'action concerne des acteurs qui vivent des situations de rupture professionnelle. Très souvent, ils sont demandeurs d'emploi et rencontrent des difficultés à retrouver un emploi salarié. Ils s'appuient

Cette logique concerne des acteurs qui vivent une rupture professionnelle.

alors sur leur expérience professionnelle, leurs espaces d'opportunités et l'ensemble de leurs ressources disponibles pour se réinsérer professionnellement et socialement, en utilisant la voie entrepreneuriale. Nous allons examiner deux cas pour illustrer cette logique d'action très fréquente.

L'informaticien dans une impasse

B.G. est diplômé de l'École Supérieure d'Électricité (Supélec) ; il a, au cours de ses études, développé des connaissances et compétences importantes en informatique. Sa carrière professionnelle débute chez un grand constructeur de matériel informatique. B.G. y occupe une fonction technico-commerciale pendant environ cinq années. Il rejoint ensuite une société de services en ingénierie informatique spécialisée dans le marché des collectivités territoriales, où il assure la direction d'un centre de traitement informatique de taille moyenne pendant quatre ans. Dans cette même société, il occupe plus tard un poste de responsable commercial d'un domaine d'activité. Sa mission consiste à proposer à des communes de petite et moyenne importance des solutions informatiques intégrées. Il reste dans cette fonction pendant six ans, puis accepte une proposition d'emploi faite par une entreprise concurrente. Il devient alors directeur commercial et assure la couverture opérationnelle de la région où il est installé depuis de nombreuses années, avec son épouse et ses enfants.

Le marché du logiciel informatique devenant de plus en plus difficile, son entreprise, dans le cadre d'un plan de restructuration, supprime son poste régional et le mute à Paris. Sa famille se trouvant dans l'impossibilité de le suivre, pour des raisons liées aux études suivies par les enfants, B.G. se voit contraint de partager son temps entre Paris et la région lyonnaise. Au bout d'un certain temps, il décide d'arrêter cette vie qu'il ne supporte plus, et opère un départ négocié avec son entreprise. Se pose alors la question du retour à l'emploi. Aujourd'hui, il analyse la situation avec lucidité : « *À 45 ans, il n'est pas facile, pour un ingénieur diplômé d'une grande école, de retrouver un job bien rémunéré. Face à ces difficultés, et pour être certain de retrouver ma région d'origine, je n'avais pas d'autre choix que celui de créer ma propre entreprise.* » L'entreprise qu'il crée à cette époque propose à des entreprises industrielles des prestations de services liées à l'informatique.

B.G. a créé son entreprise principalement pour retrouver un emploi, et ce dans sa région d'origine. Son espace d'opportunités professionnelles est lié à l'industrie informatique, dans laquelle il a déroulé toute son expérience ; il bâtit un projet de création d'entreprise dans un domaine d'activité en cohérence avec un univers qu'il connaît bien. Les prestations qu'il propose à des entreprises sont liées à l'informatique et font appel à des compétences diversifiées que B.G. possèdent : connaissance des techniques et des environnements informatiques, savoir-faire dans le marketing et la vente de systèmes et prestations informatiques. Enfin, autre atout, à 45 ans, B.G. dispose d'un réseau de relations d'une grande densité. Beaucoup de conditions sont réunies pour qu'il se lance dans la création d'une entreprise, sans en avoir une forte envie, mais avec la certitude qu'une telle création est réalisable.

Un polytechnicien au chômage

F.P., 43 ans, est diplômé de l'École Polytechnique et de l'INSEAD. Il y a quelques années encore, ces diplômes lui auraient permis d'envisager avec sérénité n'importe quel changement d'étape dans sa carrière. Ils lui auraient donné une garantie de retrouver rapidement du travail en cas de démission ou de licenciement. Sitôt reçu le choc de son licenciement, opéré sans raison apparente, F.P. se lance avec beaucoup d'ardeur à la recherche d'un emploi de dirigeant, sans rechercher forcément le même niveau de rémunération que ce qu'il percevait dans son emploi précédent, environ un million de francs par an. F.P. est aujourd'hui demandeur d'emploi inscrit à l'ANPE depuis 18 mois.

Ses diplômes ne contribuent pas à le remettre rapidement dans le circuit. Pas plus que son parcours exemplaire de 10 ans dans une grande entreprise française, ni son expérience de cadre dirigeant dans plusieurs grands groupes prestigieux. Après de très nombreuses tentatives infructueuses, il en arrive à la conclusion qu'il ne retrouvera jamais un poste de dirigeant par la voie classique. Aussi songe-t-il progressivement à reprendre une entreprise, convaincu de la nécessité de créer lui-même son propre emploi. Après un véritable parcours du combattant, F.P. reprend une entreprise spécialisée dans la conception de machines spéciales pour l'industrie. Ce choix le conduit à accepter de travailler à plus de 200 kilomètres de sa famille.

F.P. vient à la reprise d'une entreprise car il est convaincu qu'il ne retrouvera pas facilement un emploi correspondant à ses compétences et références professionnelles. Il centre sa recherche sur des secteurs d'activité économique qu'il a connus au cours de son expérience professionnelle et utilise de cette façon son espace d'opportunités. Ses ressources sont essentiellement des ressources financières, managériales et relationnelles. En particulier, F.P. s'appuie sur X-entrepreneurs, une structure d'assistance des polytechniciens désireux de créer ou reprendre une entreprise.

Ces deux situations soulignent à quel point l'environnement professionnel des ingénieurs et cadres a évolué au cours de la dernière décennie. Le marché de l'emploi des cadres est entré dans une nouvelle ère qui se caractérise par l'existence de tensions et une remise en cause profonde des règles et lois qui prévalaient jusqu'alors. Ces tensions viennent d'une offre de compétences pléthorique par rapport à la demande des entreprises, si l'on excepte quelques domaines d'activité. Il y a de plus en plus d'individus bien formés et diplômés de l'enseignement supérieur, et les recrutements ont tendance à se faire sur d'autres critères que celui de la seule maîtrise de connaissances techniques, qu'elles viennent des sciences ou des disciplines liées à la gestion. Ces critères prennent davantage en compte les comportements et les savoir-être.

La logique de l'étape de carrière

Quelqu'un travaille depuis de nombreuses années déjà dans la même entreprise ; il a progressé dans la hiérarchie ; il fait partie d'un comité de direction et peut être le « bras droit » du dirigeant propriétaire. En l'absence d'héritier, on peut proposer à cette personne de prendre une participation importante au capital et de reprendre l'entreprise à plus ou moins longue échéance. Le parcours vers l'entrepreneuriat, à travers une opération de reprise partielle ou totale de l'entreprise où l'on était salarié, y compris en étant dirigeant, équivaut à une évolution naturelle de sa situation professionnelle. La personne placée dans ce contexte est dans une continuité professionnelle très forte qui banalise le passage du statut de salarié à celui d'entrepreneur. Le cas que nous présentons va nous permet-

La continuité professionnelle banalise parfois le passage du statut de salarié à celui d'entrepreneur.

tre de mieux comprendre l'essence de la logique de l'étape de carrière.

L'entrepreneuriat comme aboutissement d'une carrière dans une entreprise

P.X. est ingénieur diplômé de l'École Nationale des Arts et Métiers. À 50 ans, il a capitalisé une expérience professionnelle riche et variée. Il est toujours resté dans des activités de mécanique et de traitement des métaux. Il travaille depuis environ 20 ans dans une entreprise de haute technologie, spécialisée dans les secteurs de la mécanique, de l'hydraulique, des traitements de surface et de l'étude des problèmes de frottement. Il a connu différentes situations professionnelles et a occupé plusieurs fonctions dans cette entreprise, du département « recherche et développement » à celui de la production, puis de la production à la commercialisation, pour arriver enfin au poste de directeur général.

Le PDG en quête de successeur lui propose un jour de s'associer avec lui dans un premier temps, avant de reprendre l'entreprise. P.X. accepte et s'engage pour une période transitoire qui va durer quelques années ; il a alors le temps de se préparer à reprendre, en douceur, l'entreprise. Au jour convenu, P.X. prend une participation majoritaire dans le capital de son entreprise et en devient le P.D.G. L'opération s'est faite sans heurt, dans un mouvement de continuité, et n'a représenté, en définitive, qu'une étape supplémentaire dans la carrière de P.X.

P.X. est un bon exemple de cadre qui vient naturellement et normalement (sans rupture) à l'entrepreneuriat dans une logique de trajectoire professionnelle parfaitement dessinée. Il a le temps de préparer l'opération de transmission et de compléter les ressources qui lui semblent insuffisantes, notamment la ressource financière. Son potentiel entrepreneurial est élevé, compte tenu de la qualité et de la diversité de son expérience professionnelle, ce qui lui donne une grande assurance quant à sa capacité à maîtriser une situation nouvelle.

La logique de l'opportunité entrepreneuriale

La logique de l'opportunité entrepreneuriale s'inscrit dans un environnement professionnel connu et compris à travers des expériences professionnelles généralement conséquentes. Dans un environnement donné, un individu identifie dans son espace d'opportunités professionnelles une opportunité d'affaires qui l'amène à se poser la question de la création d'une entreprise pour l'exploiter et la valoriser. L'élément moteur du processus est le besoin qu'a l'acteur de concrétiser cette opportunité. Pour mieux comprendre cette logique d'action, nous allons l'illustrer avec deux nouveaux cas.

L'élément moteur est le besoin de concrétiser une opportunité.

L'essaimage dynamique

P.B. a 34 ans. Il est diplômé de l'École Nationale Supérieure des Arts et Métiers et spécialisé dans les métiers de l'informatique et de l'électronique. Son expérience professionnelle s'est déroulée principalement au sein d'un grand groupe diversifié français, dans des fonctions techniques. Sa hiérarchie a identifié chez lui une volonté d'entreprendre (d'ailleurs exprimée par lui à plusieurs reprises) et une capacité à le faire.

Alors qu'il exerce les fonctions de responsable du service « entretien et travaux neufs » d'une usine, dans le secteur de l'emballage, la direction du groupe va lui proposer une opportunité s'inscrivant dans une démarche d'essaimage dynamique. L'entreprise est familière de ces pratiques et elle offre à ses salariés un dispositif d'essaimage assez complet permettant à ceux qui le souhaitent de créer ou de reprendre leur entreprise avec une aide importante du groupe. Elle va même jusqu'à réaliser des transferts de technologies et/ou d'activités pour des actifs estimés non stratégiques par le groupe. C'est justement ce qui va être proposé à P.B.

Le centre de recherche du groupe a développé un nouveau procédé de supervision des lignes de fabrication de bouteilles et pots, destiné aux industries du verre creux. P.B. a participé au développement de ce projet et souhaite s'investir dans l'industrialisation et la commercialisation de ce système de supervision. Il négocie avec le groupe son départ pour créer une entreprise dont la vocation est de développer le produit et de le vendre en priorité aux usines du groupe appartenant aux industries cibles, puis à toutes les entreprises françaises et étrangères susceptibles d'être concernées. Un contrat de partenariat entre l'entreprise de P.B. et son ancien employeur est conclu pour une période de cinq ans. P.B. peut alors voler de ses propres ailes.

P.B. a une expérience professionnelle essentiellement orientée vers la dimension technique. Il a occupé des fonctions en production, en recherche et développement, en maintenance et en travaux neufs. Son ouverture à l'entrepreneuriat s'est faite au cours de sa vie professionnelle, dans une entreprise qui accorde beaucoup d'importance aux démarches et à l'esprit d'entreprendre. Il s'est préparé à entreprendre et a développé au fil de son expérience un potentiel entrepreneurial d'un niveau élevé. Son capital technique est important ; il le sollicite beaucoup tout au long du projet et dans la phase d'industrialisation du système de supervision. L'activité entrepreneuriale retenue se situe dans un espace d'opportunités assez fermé, conditionné par des secteurs d'activité spécialisés dans lesquels l'acteur a antérieurement travaillé. Ses compétences techniques principales (informatique et électronique) apparaissent, quant à elles, relever d'un champ d'application plus général. Le changement qui intervient dans le contexte entrepreneurial est, dans ce cas, lié à une opportunité qui se présente à P.B. sous la forme d'un nouveau procédé nouvellement découvert que le groupe n'entend pas développer en interne.

Le pilote d'avion qui devient entrepreneur

A.P. est issu d'une famille de fonctionnaires. Son père est colonel de l'armée de l'air. Il connait dans sa jeunesse une très forte mobilité géographique sur le territoire métropolitain, au gré des affectations de son père. L'environnement professionnel de ce dernier influence A.P. qui exprime très tôt une vocation de pilote de chasse. Il effectue ses études de mathématiques supérieures et spéciales dans une classe préparatoire civile ; il intègre l'École de l'Air en 1981. La vie dans cet établissement et l'enseignement qu'il y reçoit marquent beaucoup A.P. qui situe le rôle de son école à deux niveaux : tout d'abord, la formation d'officiers et de pilotes, c'est-à-dire des individus prêts à prendre des risques calculés et des décisions rapides ; d'autre part, selon A.P., la transmission des valeurs fondamentales et de l'éthique de l'officier dans son rôle de chef et d'animateur.

L'École de l'Air propose plusieurs filières (chasse, transport et navigation) à ses élèves ; ceux-ci peuvent, à partir de la troisième année, choisir l'une ou l'autre de ces spécialisations. A.P. choisit la chasse et part, à la fin de ses études, effectuer un stage de 6 mois à Tours, à l'issue duquel, si tout se passe bien, il pourra obtenir ses « galons » de pilote de chasse. Hélas tel n'est pas le cas et A.P. est dirigé, bien malgré lui, contre sa vocation, vers le transport. La perspective de piloter des avions de transport ne l'enthousiasme pas. Au bout de trois mois, A.P. donne sa démission et quitte l'armée.

Le diplôme d'ingénieur d'A.P., ses compétences techniques en informatique et télécommunications, et sa connaissance de l'univers aéronautique vont lui permettre de trouver rapidement un emploi d'ingénieur d'études au sein du département scientifique et technique d'une société de services en ingénierie informatique. Cette société travaille sur des grands projets informatiques liés à l'aéronautique en France et à l'étranger. Pendant 6 ans, A.P. évolue dans l'entreprise ; il y occupe successivement les fonctions d'ingénieur de projet, de chef de projet et d'adjoint au chef de l'agence scientifique et technique.

Il rencontre alors une opportunité de créer une entreprise dans le même secteur d'activité avec l'appui financier et logistique d'une société concurrente. A.P. prépare minutieusement son projet de création et décide de passer à l'acte. Il crée rapidement une dizaine d'emplois et recrute plusieurs ingénieurs salariés dans l'entreprise qui l'employait précédemment. A.P. dirige son entreprise pendant trois ans, puis décide de la fermer « en douceur », en raison d'un revirement de stratégie du partenaire industriel qui est à l'origine de l'opportunité. Celui-ci revient radicalement sur ses engagements initiaux.

Dans la décision prise par A.P. de créer son entreprise, le rôle de l'entreprise partenaire est déterminant. Cette dernière apporte une partie du capital financier et les débouchés commerciaux. Il est vraisemblable que A.P. n'aurait rien créé sans l'aide et le soutien de ce partenaire clé. A.P. apporte dans la corbeille de mariage l'équipe, les compétences techniques et un réseau de relations commerciales. La rencontre avec le partenaire industriel a fondé l'opportunité et a constitué l'élément déclencheur. L'espace d'opportunités, déterminé par les six premières années d'expérience professionnelle d'A.P. est structuré par des compétences en informatique industrielle et par la connaissance d'un environnement particulier : l'aéronautique.

Les logiques d'action de la dominante de la valorisation du potentiel entrepreneurial

Les logiques d'action de cette dominante s'ancrent dans le pôle des ressources qui va jouer un rôle clé structurant tout au long du processus. Certaines personnes qui pensent avoir les aptitudes et ressources nécessaires à la prise d'initiatives et au changement, et qui se sentent à l'étroit dans le cadre structurel et organisationnel que leur propose leur entreprise, peuvent avoir envie de mieux valoriser un potentiel qu'elles jugent sous-exploité. Ces personnes, qui ont pu développer avec beaucoup de patience et une certaine conscience, dans le cadre d'une stratégie volontaire, un potentiel entrepreneurial, peuvent estimer un jour qu'elles sont prêtes et qu'il est temps pour elles de passer à l'action. Dans cette dominante, nous avons identifié trois logiques d'action que nous allons étudier plus en profondeur en nous basant sur des situations vécues.

Le pôle des ressources va jouer un rôle structurant tout au long du processus.

La logique du potentiel sous-exploité

Le sentiment de non-utilisation de ressources et de potentiel peut déboucher sur le choix de la voie entrepreneuriale.

Le point de départ de cette logique est le sentiment d'une personne que ses ressources et son potentiel entrepreneurial ne sont pas utilisés au mieux de leurs possibilités. Ce sentiment peut déboucher sur le constat que la voie entrepreneuriale permettrait une meilleur valorisation de ce potentiel. Nous allons nous intéresser au cas de Y.S. pour mieux cerner cette première logique d'action de la dominante de la valorisation de ressources potentielles.

Des Ponts et Chaussées à l'informatique

Y.S. est un ingénieur de 40 ans, diplômé de l'École Nationale des Ponts et Chaussées en 1975. À l'issue de ses études, il complète sa formation initiale par une activité de recherche appliquée, dans un centre scientifique et technique du bâtiment. Puis, il rejoint une entreprise nationale spécialisée dans l'aménagement fluvial, où il va occuper des fonctions d'ingénieur en travaux publics chargé de la conception d'ouvrages et de l'élaboration des dossiers techniques. Dans cette entreprise, une opportunité lui est offerte d'abandonner partiellement son orientation technique liée à sa spécialisation d'origine. La mission qui lui est confiée consiste à créer un service d'informatique technique. Pour la première fois, alors qu'il a trente ans, Y.S. se voit confier la responsabilité de la gestion globale d'un projet.

S'appuyant sur cette expérience et sur les nouvelles compétences qu'il acquises, Y.S. poursuit sa carrière en élargissant son espace d'opportunités professionnelles. Il intègre une société de conseils et de services en informatique où il va rester 5 ans, dans des fonctions de responsable de projets informatiques. Au cours de cette expérience professionnelle, Y.S. développe des compétences très diversifiées portant sur différents domaines d'application de l'informatique et sur des technologies informatiques. Il s'éloigne de plus en plus de la dimension technique en s'orientant progressivement vers des fonctions de manager et de gestionnaire. Ce mouvement est accompagné d'actions de formation complémentaires de courte durée destinées à l'aider dans son évolution professionnelle.

La suite de son parcours l'amène à rejoindre une nouvelle société de conseils et de services en informatique plus importante que la précédente, où on lui confie des responsabilités de direction d'un département. Après trois années passées dans cette dernière entreprise, Y.S. fait un bilan mitigé de sa situation. Il a conscience d'avoir encore appris et de s'être enrichi, mais il a aussi le sentiment qu'il pourrait maintenant mieux valoriser son portefeuille de compétences et sa capacité d'initiative. Il décide donc de s'engager dans une démarche de création d'entreprise avec un associé. L'entreprise qu'il crée est également une société de services et de conseils en informatique qui intervient dans des domaines très variés liés à l'automatisation des principales fonctions de gestion des entreprises.

Y.S. a réalisé deux évolutions au cours de son parcours professionnel. La première l'a conduit progressivement à s'éloigner de la dimension technique pour aller vers des postes de portée plus globale. La seconde lui a fait perdre sa spécialisation d'origine, les travaux publics, tout en modifiant sensiblement son espace d'opportunités professionnelles. D'une carrière dans le bâtiment et les travaux publics, Y.S. est passé à une carrière dans l'informatique. Il a cherché à valoriser des ressources et des compétences qu'il avait développées au cours de son expérience professionnelle. Il l'a fait dans son espace d'opportunités qui conditionnait, par ailleurs, la valorisation de son potentiel. La création de l'entreprise doit beaucoup, dans ces conditions, à la qualité de la dialectique capital de ressources/espace d'opportunités. La valorisation des ressources techniques, financières, relationnelles et entrepreneuriales ne peut être réalisée que dans le cadre d'une forte cohérence avec les caractéristiques du milieu où ces ressources vont être engagées.

La logique du capital technique au service d'un projet

La voie entrepreneuriale peut permettre de valoriser un capital technique ou un capital métier élevés.

Cette logique conduit des personnes possédant des connaissances et des compétences techniques fortes à créer leur propre entreprise, car la voie entrepreneuriale est, de leur point de vue, la seule qui est susceptible de leur permettre de valoriser dans les meilleures conditions un capital technique ou un capital métier élevés. Nous allons prendre pour exemple, le cas d'un chercheur qui devient créateur d'entreprise.

De la recherche à la création d'entreprise

M.G. est un ingénieur de 47 ans diplômé de l'École Centrale de Lyon en 1970. Enfant, il manifeste un intérêt très vif pour la technique. Très jeune, il exprime une préférence marquée pour la profession d'ingénieur. À l'issue de ses études d'ingénieur à l'École Centrale, M.G. se spécialise en électronique. Il prépare et soutient une thèse de doctorat dans cette discipline. Il s'oriente vers une carrière d'enseignant chercheur à l'École Centrale de Lyon. Il gravit progressivement tous les échelons au sein du laboratoire d'électronique de l'école. C'est ainsi que, de 1970 à 1990, il est enseignant assistant, puis maître de conférences, puis chercheur au laboratoire associé au Centre National de la Recherche Scientifique, et enfin directeur de recherches.

Tout en poursuivant ses activités scientifiques et pédagogiques, M.G. décide de créer, en 1988, une entreprise, poussé par l'envie de réaliser des projets techniques qu'il ne peut pas concrétiser dans son laboratoire de recherches et dans son environnement institutionnel. L'opportunité de création réside dans la découverte d'un concept de produit nouveau qui peut trouver des applications sur un plan industriel. Les phases de recherche, de développement et d'industrialisation du produit nécessitent des connaissances approfondies en électronique, télécommunications et optoélectronique. Or, M.G. a le capital technique pour concevoir et faire fabriquer le produit dont il a imaginé le concept. Par ailleurs, une rapide analyse de la situation l'a amené à penser que toute démarche de transfert de ce produit vers des entreprises industrielles existantes est vouée à l'échec.

Tous ces éléments le poussent donc vers la création d'une entreprise dans laquelle il serait très fortement impliqué. Les premières années de la vie de la jeune entreprise sont consacrées à la mise au point du produit et à son industrialisation. M.G. s'investit donc très largement dans ces activités de recherche, de développement et de production. Tout en restant très concerné par ces fonctions, il évolue ensuite vers des activités de commercialisation et de management de l'entreprise. Au bout de quelques années, M.G. abandonne son statut de fonctionnaire pour se consacrer totalement à son entreprise.

L'essentiel de l'expérience professionnelle de M.G. a été consacrée à des activités de recherche et d'enseignement dans des disciplines scientifiques et techniques. L'accumulation d'un capital technique élevé et le sentiment qu'il pourrait être valorisé davantage dans le développement de projets industriels l'ont conduit à la création d'une entreprise. Les produits et les activités de l'entreprise créée sont très liés aux domaines de recherche de M.G. La continuité de sa trajectoire professionnelle est grande et l'espace d'opportunités construit apparaît à la fois spécifique et étroit.

Si M.G. a un profil de chercheur, la logique d'action du capital technique peut concerner d'autres types d'acteurs, plus jeunes, moins spécialisés ou moins exclusivement orientés vers des fonctions de recherche et développement. Leur dénominateur commun est cependant une très forte focalisation sur des fonctions techniques qui leur a permis de développer un capital technique conséquent et valorisable.

La logique de la transmission familiale

La dernière logique d'action que nous avons identifiée a un statut particulier. En effet, si nous avons rattaché cette logique à la dominante de la valorisation d'un potentiel, elle aurait pu tout autant être rapprochée de la dominante de la motivation ou même de celle la carrière. Nous avons cependant fait consciemment notre choix. Il est fondé sur le fait que, pour nous, dans la majorité des cas observés, la reprise d'une entreprise familiale correspond à une situation choisie et voulue par les différents membres de la famille, et largement anticipée. L'anticipation est nécessaire pour permettre au repreneur, à l'héritier, d'acquérir et de développer les ressources indispensables à la bonne réalisation de l'opération. Elle l'est également pour permettre d'avancer progressivement dans la réalisation des différents problèmes posés lors de la transmission d'une entreprise à l'intérieur d'une famille.

La reprise d'une entreprise familiale peut être voulue par la famille et largement anticipée.

Nous avons choisi de mettre en valeur un cas qui illustre parfaitement ce cheminement débouchant sur la constitution d'un capital de ressources en adéquation avec une situation et un projet d'entreprise.

La reprise programmée d'une entreprise familiale

R.M. est né dans une famille d'entrepreneurs. Son père a fondé et dirige une entreprise de moyenne importance dans le secteur du découpage et emboutissage des métaux. R.M. passe sa jeunesse dans un environnement entrepreneurial marqué et vit en première ligne la création et le développement de l'entreprise familiale. Il est intéressé par la technique et se passionne pour les disciplines qui traitent de la mécanique et de la métallurgie. Il ne suit cependant que des études de courte durée. Dès la fin de ses études, R.M. décide de travailler dans le secteur de la mécanique et de la métallurgie. Compte tenu de l'âge de son père, la question de la transmission ne se pose pas encore, et R.M. souhaite, dans un premier temps, diversifier son expérience et s'enrichir sur un plan personnel.

Il rejoint donc une entreprise de 300 personnes, qui fabrique des sièges industriels. R.M. travaille au sein du service des « méthodes de fabrication » ; on lui confie la responsabilité d'un projet relatif à la mise en œuvre de nouveaux investissements productifs. R.M. a ensuite la responsabilité de ce service « méthodes », puis il prend une autre orientation en devenant l'adjoint du directeur de production. À trente ans, R.M. quitte cette première entreprise et rejoint une confédération de P.M.E. dans le secteur de la mécanique. Dans l'une de ces P.M.E., il assure la direction de la production et complète son expérience professionnelle.

Les appels de la famille devenant plus pressants, R.M. et les autres membres concernés de la famille élaborent ensemble un projet de transmission. À l'âge de

34 ans, R.M. rejoint l'entreprise familiale et pendant deux ans assiste son père dans une fonction de direction générale. Cette phase de transition lui permet d'approfondir sa connaissance de l'entreprise et de préparer en douceur la succession.

À près de 36 ans, R.M. devient P.D.G. de l'entreprise familiale et un des actionnaires principaux. Il est assisté de son frère qui prend en charge les fonctions administrative et financière.

La transmission de cette entreprise familiale apparaît comme exemplaire. Elle a bien été préparée et chacun des acteurs de la famille a ensuite respecté les termes du contrat passé. Le père a su notamment ne pas entraver la marge de manœuvre de ses enfants, une fois la nouvelle équipe de direction mise en place. R.M. a des compétences techniques et est attiré par cette composante du métier. La présence de son frère à ses côtés le rassure quant à la mise en œuvre de compétences qu'il ne maîtrise que très imparfaitement. L'expérience professionnelle de R.M. lui a permis de se doter d'un capital de ressources directement utilisables dans le cadre du projet de transmission de l'entreprise familiale.

Le parcours de R.M. semble très cohérent. Il ne doit pas faire perdre de vue, cependant, d'autres situations de reprise d'entreprise familiale où les liens entre l'expérience professionnelle et les compétences du repreneur héritier d'une part et les activités de l'entreprise d'autre part sont beaucoup plus distendus, voire inexistants. Nous pensons, en particulier au cas d'un ingénieur de l'École Centrale de Lyon, spécialisé en mécanique et qui a repris l'entreprise familiale dont l'activité réside dans le négoce de vins. Ceci ne l'a pas empêché de préparer l'opération en agissant sur l'accroissement de son capital de ressources.

Ce dernier cas termine notre présentation de situations de création et reprise d'entreprises destinées à illustrer un ensemble de logiques d'action conduisant des personnes à s'engager, presque d'une façon irréversible, dans des démarches entrepreneuriales.

La connaissance de ces logiques d'action et des conditions de leur apparition devraient permettre à des entrepreneurs potentiels de mieux comprendre dans quel cas de figure leur propre situation s'inscrit et à partir de là, les aider à être des acteurs plus « intelligents » dans des situations ou règnent, très souvent, l'incertitude et la complexité.

PARTIE III

Transformer le système éducatif pour développer l'esprit d'entreprendre

« Quelle époque que celle où il faut plus d'énergie pour briser un préjugé que pour briser un atome ! »

Albert Einstein

Promouvoir le modèle de l'acte d'entreprendre à tous les niveaux du système éducatif

Dans notre deuxième partie, nous avons eu l'occasion de souligner à de nombreuses reprises la contribution du système éducatif vis-à-vis du processus entrepreneurial, tant au niveau de l'apparition de l'éveil qu'à celui du développement du potentiel à entreprendre. Dans ce premier chapitre d'une partie traitant des rapports entre enseignement et entrepreneuriat, nous allons tenter de donner les éléments de ce qui nous semble être le contexte général dans lequel s'inscrivent ces rapports, avant d'aborder la situation actuelle de l'enseignement de l'entrepreneuriat dans notre pays.

Les rapports entre le système éducatif et le processus entrepreneurial s'inscrivent dans un contexte général.

ÉDUQUER ET FORMER DES ENTREPRENEURS : QUEL EST LE CONTEXTE GÉNÉRAL ?

Comme nous avons déjà eu l'occasion de l'évoquer, la création d'entreprise et, d'une façon plus large, l'entrepreneuriat, sont aujourd'hui unanimement reconnus comme étant des phénomènes vitaux pour nos socié-

L'entrepreneuriat concerne tous les pays et toutes les catégories d'individus.

tés post-industrielles, par leur contribution à la régénération et au développement de nos économies. L'entrepreneuriat est le moteur qui entraîne l'économie de nombreuses nations dont la croissance est largement expliquée par le taux et le rythme des innovations et des créations d'entreprises ou d'activités. Par ailleurs, l'entrepreneuriat apporte des bénéfices aux individus qui peuvent y trouver des sources de satisfaction et d'accomplissement personnel, et des opportunités d'entrée ou de développement de carrière. Il concerne donc non seulement tous les pays, mais, dans ces pays, toutes les catégories et générations d'individus.

Comme la plupart des disciplines appartenant aux sciences sociales, aux sciences de gestion ou au management, l'entrepreneuriat peut faire l'objet d'un enseignement universitaire et/ou pratique. De tels programmes d'enseignement existent et fonctionnent depuis de très nombreuses années aux États-Unis, pays précurseur et leader en la matière, et dans d'autres pays, dont la France. On peut même dire que cet enseignement se développe à un rythme soutenu, bien que de façon inégale, dans la plupart des pays.

Aux États-Unis, on parle d'une *« ère importante »* et d'un *« accroissement considérable de l'intérêt des étudiants »*[1]. Pour appuyer ces affirmations, des chiffres sont avancés. En 1971, seulement 16 collèges et universités proposaient des enseignements d'entrepreneuriat. Aujourd'hui, ils sont environ 800 à le faire. Les étudiants américains sont de plus en plus nombreux à

1. FIET J.O., « The pedagogical side of entrepreneurship theory », *Journal of Business Venturing*, vol. 16, n° 2, pp. 101 à 117.

montrer un vif intérêt pour la création d'entreprise et les activités indépendantes, et à envisager sérieusement de s'engager dans cette voie professionnelle. Dans ces conditions, ils recherchent et privilégient les cours et programmes qui concernent l'entrepreneuriat. En 1996, 45 % des étudiants inscrits en première année d'études de management à l'université de Northwestern souhaitaient se spécialiser fortement dans le domaine de l'entrepreneuriat[1]. En parallèle, dans les meilleures universités, les enseignants impliqués dans cette matière et ayant des responsabilités pédagogiques se réunissent régulièrement pour échanger leurs vues sur les évolutions récentes et confronter leurs pratiques et leurs méthodes pédagogiques.

En France, l'enseignement de l'entrepreneuriat se développe également à un rythme soutenu, souvent dans la précipitation. On peut constater une méconnaissance assez importante des pratiques existantes dans ce secteur. En définitive, les programmes, cours, actions, initiatives et pratiques pédagogiques développés un peu partout en France en ce qui concerne l'entrepreneuriat sont relativement peu connus, contrairement à ce qui se passe aux États-Unis où des enquêtes sont effectuées quasi annuellement pour mieux connaître et comprendre le champ de l'enseignement de l'entrepreneuriat. Or, de plus en plus fréquemment, des acteurs majeurs (publics ou privés) souhaitent avoir des informations précises relativement à ce domaine ; il existe une demande sociale spécifique et une attente forte de ces acteurs ; ils souhaitent pouvoir mieux suivre ce phénomène dans

1. Ce chiffre est extrait de la référence précédente. Notons qu'il peut être comparé à d'autres chiffres : 30 % en 1995 ; 12 % en 1994 ; 7 % en 1993.

son ensemble afin de préparer les décisions et les cadres d'action les plus adaptés à un développement harmonieux de l'enseignement de l'entrepreneuriat en France.

L'éducation et la formation dans le domaine de l'entrepreneuriat répondent, par ailleurs, à des objectifs multiples et à une demande sociale bien identifiée. Les objectifs concernent la sensibilisation des étudiants, afin de les aider à voir dans la création d'entreprise une option de carrière possible, et de développer en eux des attitudes positives vis-à-vis des situations entrepreneuriales. Il convient d'éviter à l'avenir, autant que possible, certaines situations encore trop souvent constatées : la création d'entreprise en France est très fréquemment le fruit de la nécessité (chaque année, près de 50 % des créations sont le fait de demandeurs d'emploi) ou celui du hasard (situation non anticipée pour laquelle le niveau de préparation est faible). Faisons en sorte que la création d'entreprise soit de plus en plus une situation choisie.

Le rôle du système éducatif est ici primordial. Les objectifs de ce système peuvent tourner autour de la transmission et du développement de connaissances, de compétences et de techniques spécifiques destinées à accroître le potentiel entrepreneurial des étudiants. À ce niveau, il s'agit de mieux les préparer à penser, analyser et agir dans des situations particulières et des milieux différents (petites et moyennes entreprises) en tant qu'entrepreneurs.

L'accroissement de la demande d'éducation et de formation en entrepreneuriat est multi-source. Décrivons simplement les trois plus importantes. La première source de ce phénomène est gouvernementale. La croissance économique, la création d'emplois, le renouvellement des entreprises, les changements technologiques et politiques, l'innovation dépendent très largement, dans le paradigme postindustriel, des créateurs d'entreprises et d'activités. D'où l'intérêt croissant des gouvernements pour les entrepreneurs et les questions du type : *« Comment et où susciter des vocations entrepreneuriales ? Comment éduquer et former les futurs entrepreneurs ? »*.

La seconde source de cet accroissement est constituée des étudiants eux-mêmes. Ceux, tout d'abord, qui envisagent à très court terme ou à plus longue échéance de créer leur entreprise ; ceux, ensuite, qui souhaitent acquérir des connaissances indispensables, selon eux, au bon déroulement de leur carrière dans des entreprises, quelle qu'en soit la taille. Ces dernières, en effet, s'intéressent de plus en plus à l'entrepreneuriat et orientent progressivement leurs approches de recrutement de jeunes cadres vers des individus dotés des connaissances, attributs et parfois expériences utiles à l'acte entrepreneurial.

Les entreprises petites, moyennes ou grandes constituent donc la troisième et dernière source du phénomène que nous étudions. Elles semblent privilégier aujourd'hui d'autres compétences et comportements managériaux au niveau de leurs cadres, qui induisent une évolution des processus et méthodes d'apprentissage, lesquels passent du mode didactique au mode entrepreneurial comme l'a parfaitement démontré Allan Gibb[1].

1. GIBB A.A., 1996, « Entrepreneuship and small business management : can we afford to neglect them in the Twenty-First Century Business School », *British Academy of Management Journal,* pp. 309 à 321.

Le tableau ci-après reprend les différences principales entre les deux modes d'apprentissage.

Méthodes pédagogiques

Modèle didactique	Modèle entrepreneurial
Enseignement par le professeur uniquement	Apprentissage réciproque
Élève passif dans une position d'écoute	Apprentissage par « le faire » (« learning by doing »)
Apprentissage par l'écrit	Apprentissage par les échanges interpersonnels et les débats/ discussions
Apprentissage par « feedback » opéré par une personne clé : l'enseignant	Apprentissage par réactions de personnes différentes et nombreuses
Enseignement dans un environnement programmé et bien organisé	Apprentissage dans un environnement flexible, informel
Apprentissage sans la pression liée à la nécessité d'atteindre des objectifs immédiats	Apprentissage sous la pression liée à la nécessité d'atteindre des objectifs
Apport des autres découragé	Apprentissage par emprunt aux autres
Peur de l'échec et de l'erreur	Apprentissage par essais/erreurs
Apprentissage par la prise de notes	Apprentissage par la résolution de problèmes
Apprentissage par un réseau « d'experts » enseignants	Apprentissage par la découverte guidée

Source : Allan A. Gibb, « The entreprise culture and education », International Small Business Journal, mars 1992

Éduquer et former des entrepreneurs en France et en Europe : où en sommes-nous aujourd'hui ?

De nombreuses initiatives ont été lancées au cours des dernières années pour tenter de faire évoluer la situation dans notre pays. Elles visaient, entre autres objectifs, à promouvoir et contribuer à diffuser plus largement les concepts de l'entrepreneuriat, l'esprit d'entreprendre ou l'enseignement de l'entrepreneuriat dans des milieux spécifiques et dans l'ensemble de la société française. C'est à partir de ces actions que nous allons établir le bilan de la situation actuelle dans le domaine de l'enseignement de l'entrepreneuriat.

De nombreuses initiatives ont été lancées pour tenter de faire évoluer la situation dans notre pays.

En précisant d'emblée que les niveaux primaire et secondaire ne sont pas concernés par ce bilan, nous avons regroupé l'ensemble de ces initiatives en trois familles d'actions[1] :

- la réalisation d'études et de rapports, presque toujours à la demande d'un ministère ;
- la réalisation d'enquêtes visant à recenser des enseignements d'entrepreneuriat au sein du système éducatif, faites très souvent dans le cadre de colloques ou de journées de sensibilisation à l'échelle nationale ;

1. Très peu d'actions de sensibilisation à l'entreprise et à la création d'entreprise sont organisées dans l'enseignement primaire. Dans l'enseignement secondaire, quelques expérimentations fonctionnent dans différentes régions françaises, mais elles touchent encore très peu d'élèves. Dans certains pays (Canada et États-Unis, notamment), de nombreux programmes de sensibilisation et de formation sont proposés dans le cadre de l'enseignement primaire et secondaire.

- la création de structures ou d'organismes dont la vocation est liée, partiellement ou totalement, à l'enseignement de l'entrepreneuriat.

Ces initiatives ont été prises par différents acteurs (que nous présenterons au fur et à mesure), qui se retrouvent assez souvent autour des mêmes actions et qui bénéficient, pratiquement tout le temps, de l'appui et de l'assistance de l'Agence Pour la Création d'Entreprise (APCE). Celle-ci reste en France un acteur incontournable dans le domaine de l'entrepreneuriat. Nous allons donc, maintenant, présenter et commenter ces différentes initiatives, tout en évoquant, chaque fois que cela paraîtra possible et souhaitable, des initiatives étrangères afin d'établir des comparaisons.

Qu'apprend-on des études et des rapports sur la question ?

Depuis quelques années, les pouvoirs publics s'intéressent à l'entrepreneuriat et s'efforcent de mettre en place les conditions du développement de la culture entrepreneuriale au sein de la société française et du système éducatif. Les études et rapports que nous allons présenter dans cette section s'inscrivent entièrement dans ce cadre. Nous allons les aborder dans un ordre chronologique. Dans un premier temps, nous donnerons une synthèse du rapport sur « *la formation entrepreneuriale des ingénieurs* » rédigé en 1998 par messieurs Beranger, Chabbal et Dambrine, à la demande du ministère de l'Économie, des Finances et de l'Industrie. Puis, nous évoquerons notre propre rapport intitulé : « *L'enseignement de l'entrepreneuriat dans les universités françaises : analyse de l'existant et propositions pour en faciliter le développement* » réalisé en 1999 pour la direction de la technologie du ministère de l'Éducation nationale, de la Recherche et de la Technologie. Nous terminerons la présentation des études et rapports nationaux par une vue synthétique du texte publié par l'APCE en 2000, et reprenant les principales propositions faites par la commission *« Promouvoir l'esprit d'entreprendre et la création d'entreprise dans le système éducatif »* du Conseil national de la création d'entreprise (CNCE). La section se terminera par un bref développement portant sur deux études européennes centrées sur l'enseignement de l'entrepreneuriat.

Les pouvoirs publics s'efforcent de mettre en place les conditions du développement de la culture entrepreneuriales en France.

La formation entrepreneuriale dans les écoles d'ingénieurs

C'est l'intitulé du rapport écrit par Messieurs Beranger, Chabbal et Dambrine en 1998[1]. Leur travail s'adresse principalement aux ingénieurs, mais leur champ d'étude est beaucoup plus large et la portée de leurs analyses, de leurs conclusions et de leurs préconisations couvre assez complètement le domaine de l'enseignement supérieur. Les premières pages du rapport sont consacrées à une analyse économique et sociale des facteurs qui poussent les nations en général et la France en particulier à envisager le changement et les évolutions dans ce domaine.

Le rapport de Messieurs Béranger, Chabbal et Dambrine couvre le domaine de l'enseignement supérieur.

La situation française de la création d'entreprise innovante et/ou relevant de la haute technologie est étudiée en détails, et les handicaps principaux sont mis en évidence. En parallèle, sont soulignés les nouveaux besoins économiques qui s'insèrent dans des tendan-

1. Beranger J., Chabbal R., Dambrine P., rapport sur la formation entrepreneuriale des ingénieurs rédigé à la demande du ministère de l'Économie, de l'Industrie et des Finances, 1998.

ces fortes et exigent de nouvelles réponses en termes d'organisation, de structuration et de comportements individuels. Les auteurs du rapport soulignent notamment le phénomène de décroissance du salariat au profit de nouvelles formes d'organisations et de relations laissant plus d'espace et de possibilités aux petites entreprises et aux entrepreneurs. Mais, selon les auteurs, le cadre réglementaire français et notre culture collective n'encouragent guère les initiatives et les comportements entrepreneuriaux. Aussi proposent-ils deux voies pour le changement : la formation à l'entrepreneuriat et la réhabilitation de l'initiative et des projets individuels.

S'agissant de la formation entrepreneuriale, un état des lieux synthétique est dressé, qui permet de connaître ce qui est fait aux États-Unis, en Europe et en France. Il montre que ce type de formation *« est devenue une discipline à part entière, caractérisée par une bonne activité de recherche et une certaine formalisation dans les enseignements »*[1]*. Pour les auteurs du rapport, « les conditions sont donc remplies pour un développement de la formation entrepreneuriale comparable à celui des États-Unis. Mais ceci va demander un gros effort de formation d'enseignants et la participation active des directeurs d'écoles. »*[2]

Les leviers et facteurs de la formation entrepreneuriale sont, dans ce travail, décrits et analysés avec un certain souci d'exhaustivité, qu'il s'agisse des acteurs de la formation, des méthodes ou des outils. Différents scenarii d'introduction et de développement d'actions d'enseignement de l'entrepreneuriat sont proposés et

1. Page 40.
2. Id.

examinés. Ils concernent des programmes en troncs communs, des programmes optionnels et des programmes dispensés dans le cadre de la formation continue. En conclusion des développements concernant la formation entrepreneuriale, un triple questionnement est esquissé. Ce dernier nous semble particulièrement pertinent et toujours très actuel.

La première question est formulée ainsi : « *Faut-il introduire la formation entrepreneuriale dans le tronc commun de la formation (des ingénieurs) ou en rester à une option ?* »[1] Les rapporteurs, tout en considérant que la nature de l'enseignement de l'entrepreneuriat peut être variable d'un établissement à un autre, estiment qu'il est aujourd'hui inconcevable que des options ne soient pas offertes aux étudiants, sous une forme ou sous une autre. Par ailleurs, ils estiment nécessaire de s'acheminer progressivement vers l'introduction de la formation entrepreneuriale dans le tronc commun des formations pour marquer une volonté de changement forte et orienter d'une façon plus importante les étudiants vers des voies professionnelles liées à l'entrepreneuriat.

« *Quel équilibre établir entre la formation par des cours théoriques et la formation par projets ?* »[2] Telle est la deuxième question qui est posée par les rapporteurs. Peu d'indications précises sont fournies ; en guise de réponses, les auteurs invitent les écoles à imaginer elles-mêmes l'alchimie subtile combinant formation universitaire et mises en situation pédagogique qui leur permettra d'atteindre leurs objectifs.

1. Page 65.
2. Id.

La dernière question est relative à la qualification des professeurs : « *Faut-il former et recruter des professeurs spécialisés en entrepreneuriat ?* »[1] Le débat sur cette question est déjà ancien, comme nous l'assurent nos collègues américains. L'enseignement de l'entrepreneuriat constitue-t-il une discipline à part entière ? Si oui, exige-t-il une formation particulière et des créations de postes à cet effet ? Les rapporteurs répondent par l'affirmative à ces questions et s'appuient sur les propositions présentées en 1996 par Denis Mortier[2] pour suggérer des modalités pratiques que nous reprenons ci-après.

Il s'agit de :

- « *former une centaine de formateurs (au plan national) à partir, soit de spécialistes du management, soit d'ingénieurs ayant travaillé dans une PME et passionnés par la création, les PME et l'enseignement ;*
- *à cet effet, les envoyer en stage dans les hauts-lieux de la formation entrepreneuriale et tout particulièrement dans les pays les plus avancés en ce domaine (États-Unis, Québec, Royaume-Uni). C'est la méthode qui fut utilisée au tournant des années 70 pour rattraper notre retard dans l'enseignement du management (grâce à la FNEGE, Fondation pour l'enseignement de la gestion) ; prévoir aussi des stages dans des entreprises récemment créées et dans des incubateurs ;*

1. Page 67.
2. « Réflexions et propositions sur la création d'entreprises à forte croissance », rapport de Denis Mortier, 1996, rédigé à la demande du ministère de l'Économie, des Finances et de l'Industrie.

- *compléter ces stages par des cours, par la participation à des programmes existants, en familiarisant les futurs formateurs avec le matériel pédagogique et les modules les plus récents, en les incitant à en créer de nouveaux, tout ceci en relation étroite avec des créateurs d'entreprises ;*
- *privilégier des centres régionaux de formation entrepreneuriale qui impliquent à la fois écoles, universités, autorités régionales et consulaires ;*
- *mais constituer à l'échelon national un comité de pilotage qui serve à la fois de référence et de stimulant pour ces initiatives régionales* »[1].

Pour les auteurs du rapport ce problème de la formation et de la spécialisation des enseignants paraît fondamental.

Le rapport sur la formation entrepreneuriale des ingénieurs aborde également la formation des doctorants et la question des structures d'incubation universitaires. Il montre toute la pertinence et l'importance de ces outils d'accompagnement dans la formation entrepreneuriale quand ils fonctionnent dans de bonnes conditions. Le rapport se termine par un ensemble de douze propositions pour favoriser l'enseignement de l'entrepreneuriat en France. Certaines portent sur des évolutions à envisager dans les formations, principalement en termes de contenus et de modalités. D'autres propositions concernent les structures et les modes d'organisation des établissements et du système éducatif. D'autres, enfin, visent à créer un embryon de dispositif d'observations et d'analyses statistiques permettant de suivre l'évolution du phénomène et agir avec plus d'efficience sur l'ensemble des paramètres

1. Page 67.

qui influent sur le développement de l'enseignement de l'entrepreneuriat. À titre d'exemple, nous reprenons, intégralement, la proposition n° 11 du rapport : « Un effort considérable doit être réalisé pour permettre de disposer de statistiques très complètes sur la création d'entreprise. Parmi les données à recueillir, citons :

- *le rôle des ingénieurs dans le phénomène de création (et réciproquement, il faudrait connaître le pourcentage d'ingénieurs qui créent une entreprise, et plus généralement une activité) ;*
- *leur lien avec les découvertes des laboratoires, publics et privés ;*
- *leur nature technologique et, bien entendu, leur secteur d'activité ;*
- *l'âge des créateurs ;*
- *le taux d'échec ;*
- *le taux de croissance et de création d'emplois.* »[1]

Dans leur conclusion, les rapporteurs insistent sur le fait que la formation entrepreneuriale ne constitue qu'un élément dans un ensemble plus vaste – le phénomène de création d'entreprise et d'activités et que, dans ces conditions, toute action d'envergure entreprise au niveau le plus pointu ne pourra être envisagée qu'à la condition de faire évoluer l'ensemble du système. Sont notamment évoqués les freins liés à l'absence d'un véritable *« statut »* des créateurs d'entreprises et l'insuffisante culture entrepreneuriale de la société française.

1. Page 82.

La formation à l'entrepreneuriat dans les universités

L'étude que nous avons réalisée, en 1999, avait pour but de proposer des mesures concrètes destinées à susciter chez les jeunes diplômés l'esprit d'entreprendre. Il s'agissait de développer et systématiser, dans les établissements d'enseignement supérieur, des programmes de sensibilisation et de formation à la création d'entreprise. Comme dans le rapport précédent, mais en axant davantage nos travaux sur une mise en perspective de la situation française par rapport à celle des États-Unis, nous proposons ici un bilan de l'existant destiné à repérer non pas les « *meilleures pratiques* », objectif très difficile à atteindre, mais plutôt celles qui présentent un intérêt en termes d'innovation, de fonctionnement, d'ancienneté ou de résultat.

Nous proposons ici un bilan de l'existant.

L'un des apports principaux de ce travail réside dans la production et l'analyse de données, issues d'une enquête nationale réalisée en 1998, permettant d'établir un bilan de l'enseignement de l'entrepreneuriat dans le système éducatif supérieur. Ses résultats montrent que la diffusion de l'enseignement de l'entrepreneuriat est beaucoup plus importante dans les écoles de commerce que dans les autres types d'établissement, c'est-à-dire dans les écoles d'ingénieurs et le secteur universitaire.[1] Les programmes d'entrepreneuriat existant dans les établissements d'enseignement supérieur correspondent principalement à des actions de sensibilisation. Ceci est très marqué pour les écoles d'ingénieurs, un peu moins pour les universités et les

1. Ce constat rejoint celui de Denis Mortier qui notait dans son rapport de 1996 que « *les écoles de commerce et de gestion jouent dans l'enseignement supérieur français le rôle le plus important dans la formation d'entrepreneurs* ».

écoles de commerce, qui proposent davantage d'enseignements diplômant et de spécialisations.

Plusieurs constats sont dégagés. Le premier d'entre eux est que l'entrepreneuriat en tant que « champ disciplinaire » se distingue par son caractère émergent. De la nouveauté de cette émergence résultent une *« dynamique interne importante et un foisonnement des idées et des initiatives »*, une *« très faible structuration du champ »*, des incompréhensions et des ambiguïtés autour des *« objets »* d'enseignement, et une *« faible reconnaissance universitaire de ce champ »*. Sur ce dernier point, nous précisons que *« l'entrepreneuriat est un sujet de polémique et de débat au sein de la communauté des enseignants en sciences économiques et en sciences de gestion. Est-ce une discipline ou bien est-ce une thématique ? Sans vouloir, ici, entrer dans le débat, il nous semble que les enseignements sur la gestion de la PME et la création d'entreprise visent à donner une vision globale de l'entreprise et non une vision éclatée des fonctions de l'entreprise*[1]*. Les approches sont différentes et complémentaires. Les premières sont plus processuelles et transversales alors que les secondes sont davantage fonctionnelles. Quoi qu'il en soit, un faible niveau de reconnaissance n'encourage ni les vocations de chercheurs ni celles d'enseignants. »*[2]

Le deuxième constat auquel nous parvenons est que l'impact des enseignements d'entrepreneuriat sur les étudiants est marginal. La faiblesse de l'impact est lié

1. Ce point de vue rejoint celui des auteurs du rapport précédent qui parlent de *« vision holistique et globale du mana-gement »* qu'ils opposent à *« l'approche compartimentée et traditionnelle »*.
2. Page 21.

au caractère optionnel des enseignements, à la faible diversité de l'offre de cours spécifiques au champ et au fait que très peu d'étudiants sont en définitive concernés par les cours d'entrepreneuriat.

Un troisième constat permet de dégager trois niveaux d'intervention dans les pratiques et les expériences d'enseignement de l'entrepreneuriat observées :

- un premier niveau : celui de l'enseignement, de la sensibilisation et de l'initiation à l'entrepreneuriat. Il s'agit d'éveiller les étudiants, de les sensibiliser à la création d'entreprise et de les amener à intégrer l'existence de nouvelles voies professionnelles qu'ils pourraient être conduits à utiliser au cours de leur carrière ;
- un deuxième niveau : celui de l'enseignement formant les étudiants à la création d'entreprise, à la gestion de projet et à la PME. L'objectif de les préparer à des situations professionnelles futures. Cet enseignement conduit à une spécialisation à travers des options, filières ou dominantes qui peuvent faire l'objet ou non d'un diplôme ou d'une mention spécifique dans un diplôme ;
- un dernier niveau : celui de l'accompagnement des étudiants porteurs de projets de création d'entreprise. Il combine des appuis de différente nature : une formation très pratique et orientée vers les besoins des projets ; des conseils pour faciliter le développement des projets et l'accès aux ressources ; un support qui peut être d'ordre matériel, intellectuel ou psychologique ; et enfin, des mises en relation avec des experts et des partenaires potentiels.

Ces différents niveaux d'intervention suivent des objectifs et des finalités de nature très souvent opposée qui s'articulent autour des dimensions pédagogique, universitaire et économique.

Le dernier constat que nous faisons, dans notre approche de l'existant, est que le modèle français d'enseignement de l'entrepreneuriat cherche encore sa voie. Ce modèle apparaît peu ancré dans les traditions et la culture françaises. Il est par ailleurs trop souvent construit sur des approches fonctionnelles et peu processuelles. L'enseignement de la création d'entreprise, par exemple, est trop souvent vu comme la juxtaposition, la combinaison de connaissances et de savoir-faire qui relèvent des différentes fonctions de l'entreprise, et non comme la transmission et le développement de connaissances spécifiques portant sur des « moments » de la vie d'entreprises et d'individus, et sur des processus se déroulant dans des contextes très singuliers où il n'est pas possible de dissocier les nombreux éléments qui interviennent et interagissent.

L'ensemble de ces constats et l'analyse des expériences « intéressantes » a permis d'organiser une réflexion sur les orientations institutionnelles et les cibles visées par tout établissement ayant l'intention d'introduire ou de développer des enseignements d'entrepreneuriat. L'objectif de ce travail est de clarifier et de hiérarchiser les dimensions à prendre en compte par rapport à de telles démarches et de faciliter la construction du cadre général d'intervention propre à chaque institution.

Dans notre travail, nous avançons un ensemble cohérent de préconisations regroupées au sein de quatre catégories :

- les leviers institutionnels et les ressources,
- les actions d'aide au développement et au lancement des projets entrepreneuriaux,

- les actions de sensibilisation,
- les actions de spécialisation.

Certaines de ces préconisations visent à proposer un dispositif de partage d'expériences et de ressources destiné à faciliter l'accès à ce type d'enseignement pour le plus grand nombre, et permettant de mesurer les évolutions et les résultats au niveau national.

Dans notre conclusion, nous soulignons la nécessité, pour les établissements d'enseignement supérieur, d'avancer à leur rythme et en fonction de leurs capacités et contraintes, en se fixant des objectifs réalistes, sans vouloir se positionner sur tous les niveaux à la fois, sans vouloir tout faire tout seul, en recherchant des équilibres dans la construction de leur dispositif d'enseignement de l'entrepreneuriat. Enfin, nous souhaitons que des travaux complémentaires soient conduits autour de la place et du statut universitaire de ce type d'enseignement dans le schéma universitaire français : « *L'entrepreneuriat devrait être reconnu en tant que discipline universitaire et à ce titre être représenté dans les conseils et commissions universitaires. Ce point est important car il conditionne les vocations et les orientations des maîtres de conférences et des professeurs des universités dans ce domaine.* »[1]

Des mesures en faveur de l'esprit d'entreprendre

La commission du CNCE (Comité National pour la Création d'Entreprise) « Promouvoir l'esprit d'entreprendre et la création d'entreprise dans le système éducatif », composée de 11 membres, experts recon-

1. Page 76.

nus dans ce domaine, a rédigé un texte d'une vingtaine de pages diffusé par l'intermédiaire de l'APCE. Ce texte présente une initiative nationale et six programmes d'action visant à renforcer :

- *« la mobilisation croissante des acteurs du monde économique et éducatif autour du thème de la promotion de l'esprit d'entreprendre et de la création d'entreprise,*
- *la multiplication d'initiatives à tous les niveaux d'enseignement,*
- *la liaison entre recherche, enseignement supérieur et innovation »*[1].

Une commission du CNCE propose de définir un projet national pour « promouvoir l'esprit d'entreprendre et l'action de création d'entreprise dans le système éducatif ».

L'initiative nationale dont il est question consiste à promouvoir, avec l'aide des acteurs concernés, l'esprit d'entreprendre et l'acte de création d'entreprise dans le système éducatif. Les membres de la commission proposent de définir un projet national, de le confier à une structure de gestion de projet et d'inventer un label pour identifier toute opération réalisée dans le cadre de cette initiative.

L'objectif est ambitieux. Pour se donner les moyens de l'atteindre, un programme d'actions comportant six volets est avancé. Il s'agit tout d'abord de mettre en relation certains acteurs clés en *« organisant un réseau de promoteurs de l'esprit d'entreprendre et de la création d'entreprise dans le système éducatif »*[2]. Le dispositif élaboré associe les rectorats, les Centres d'information et d'orientation (CIO) et des correspondants/coordonnateurs dans les établissements d'enseignement.

1. APCE, « Promouvoir l'esprit d'entreprendre et la création d'entreprise dans le système éducatif », rapport du CNCE, 2000, page 2.
2. Programme d'action n° 1, pp. 5 et 6.

Un deuxième programme d'actions[1] prévoit de « *relier les promoteurs de l'esprit d'entreprendre et de la création d'entreprise par internet* ». Pour cela, il conviendrait de susciter la création d'un maillage électronique entre des sites web propres à chaque institution et de produire un annuaire des acteurs du réseau. Un programme de ce type impliquerait la mise en œuvre d'une fonction de coordination, rouage essentiel du dispositif, pour lui assurer un bon fonctionnement et vraisemblablement aussi pour le pérenniser.

La mobilisation et la formation des enseignants est au cœur du troisième programme d'actions[2]. De nombreuses propositions sont émises pour sensibiliser, informer, former et motiver le plus grand nombre possible d'enseignants, pour développer un réseau d'acteurs engagés dans des réflexions, et pour mettre au point des actions pédagogiques tournées vers l'entrepreneuriat et la création d'entreprise.

Le quatrième programme d'actions[3] préconise la « *généralisation des opérations de sensibilisation et de formation à la création d'entreprise dans les établissements d'enseignement secondaire et supérieur* ». Il s'agit, dans ce programme, d'inciter, encourager et aider financièrement les établissements dans la mise en œuvre de projets interdisciplinaires sur le thème de l'entrepreneuriat.

Les rapports qu'entretiennent l'entrepreneuriat et la recherche sont très largement présents dans le cinquième programme d'actions[4]. Cela est notamment

1. Pages 7 et 8.
2. Page 9.
3. Pages 10 et 11.
4. Pages 12 et 13.

décliné dans la logique et la continuité de la loi sur l'innovation impulsée par le ministre Claude Allègre. Il paraît souhaitable aux membres de la commission du CNCE de renforcer un certain nombre de mesures pour faciliter l'émergence des projets chez les doctorants ou, par exemple, coordonner les actions des incubateurs. Une proposition consiste à « *reconnaître et valoriser l'entrepreneuriat comme une spécialité de recherche et de formation à part entière* ».

Le dernier programme d'actions[1] est centré sur des mesures visant à « *recenser, réviser, impulser la production de matériels pédagogiques* ». Cela permettrait de diminuer considérablement la dépense d'argent et d'énergie liée à la préparation et au lancement de toute nouvelle action pédagogique.

Que fait l'Europe dans ce domaine ?

De nombreuses études recensent les formations entrepreneuriales à l'intérieur d'un pays ou au niveau européen.

Au-delà de la France, l'enseignement de l'entrepreneuriat constitue un sujet d'actualité dans la plupart des pays européens. De nombreuses études ont été réalisées au cours des deux ou trois dernières années, qui visent à recenser les formations entrepreneuriales à l'intérieur d'un pays ou au niveau européen. Deux rapports ont particulièrement attiré notre attention, sans que l'on puisse les considérer comme totalement représentatifs de l'ensemble des contributions produites dans la période récente.

1. Page 14.

Le premier document[1] présente les résultats d'une enquête effectuée par la London Business School, à la demande du Department for Education and Employment britannique, auprès de 133 institutions d'enseignement supérieur. L'étude a pour objectif de donner une représentation de l'enseignement de l'entrepreneuriat dans ces établissements. Les critères ci-après ont été privilégiés :

- nombre et types d'étudiants concernés,
- effectif des classes,
- méthodes d'enseignement,
- contenu des cours,
- origine des matériaux pédagogiques utilisés,
- perceptions des étudiants et des autres professeurs vis-à-vis de ce type d'enseignement,
- qualifications et expérience (milieu des affaires, éducation, enseignement) des enseignants mobilisés.

Cette étude met en évidence des proximités fortes entre les situations britannique et française. Si le développement de l'enseignement de l'entrepreneuriat connaît une très forte croissance un peu partout en Grande-Bretagne, seulement 38 % des établissements d'enseignement supérieur proposent aujourd'hui un cours d'entrepreneuriat obligatoire ou optionnel. L'auteur du rapport souligne que trois problèmes majeurs sont posés : la légitimité universitaire de l'enseignement de l'entrepreneuriat, son financement et la formation des enseignants. Ces éléments entrent

1. « *Entrepreneurship Education in Higher Education in England : A Survey* », Jonathan Levie, London Business School (http://www.dfee.gov.uk/hequ/lbs.htm).

en résonance avec la perception que nous avons de notre propre situation.

Un second document[1] propose les résultats d'une étude comparative effectuée en Europe à propos de l'enseignement de l'entrepreneuriat. Ce travail recense et analyse les initiatives dans le domaine de la recherche universitaire pour 13 pays européens. En ce qui concerne les programmes d'enseignement, l'objectif n'est pas de les recenser mais de les comparer en termes de types, de modalités, d'organisation et de financement. En conclusion, les auteurs de l'étude soulignent que les institutions répondantes sont toutes conscientes de l'importance socio-économique de l'entrepreneuriat mais qu'elles souffrent, pour la plupart, d'une insuffisance de ressources et de structures pour supporter dans de bonnes conditions le développement rapide et cohérent de l'enseignement et de la recherche en entrepreneuriat.

Les premières pierres de l'édifice

Des tentatives de recensement des formations entrepreneuriales ont été faites dans le cadre de différentes enquêtes.

Des tentatives de recensement des formations entrepreneuriales ont été faites dans le cadre d'enquêtes à visée exhaustive ou limitée à des catégories d'institutions et/ou des types d'actions pédagogiques. D'autres événements ont permis également de structurer le champ de cette formation (manifestations nationales ou régionales, colloques ou journées de sensibilisation consacrés à l'entrepreneuriat). Nous allons passer

1. *Encouraging Entrepreneurship in Europe. A comparative Study Focused on Education,* workshop MBA, Prof. Dr K. Vandenbempt (University of Antwerp), S. Raicher (EVCA), University of Antwerp, Center for Business Administration, Master of Business Administration.

en revue les enquêtes et événements les plus significatifs de ces dernières années. Nous mentionnerons également quelques expériences internationales afin de comparer les pratiques et les situations.

Le colloque de l'École des Mines d'Alès : une pierre blanche

Nous pensons, avec beaucoup d'autres personnes, que ce colloque a joué le rôle d'un véritable détonateur dans le processus d'émergence et de développement en France des formations entrepreneuriales. Il s'est déroulé les 21 et 22 novembre 1996 à l'École des Mines d'Alès sous le patronage du Ministre de l'Éducation Nationale, de l'Enseignement et de la Recherche et du Ministre de l'Industrie, de la Poste et des Télécommunications. Les questions posées par ce colloque étaient les suivantes :

Ce colloque a joué un rôle de détonateur dans le processus d'émergence et de développement en France des formations entrepreneuriales.

- *« Pour recréer l'emploi, passer d'une société de salariat à une société d'entrepreneurs : quelles réponses de l'éducation et de l'enseignement supérieur ?*
- *Quelles convergences entre le monde éducatif et le monde économique pour contribuer à la création d'entreprise ? »*[1]

Au cours de ces deux journées, des expériences et pratiques d'enseignement et de formation dans le champ de l'entrepreneuriat ont été présentées et discutées au sein de trois ateliers de travail : *« libérer l'esprit de création », « l'égalité des chances pour les créateurs par la formation »* et *« la fraternité autour des créateurs »*. Ce colloque a donné des opportunités de rencontres et d'échanges entre des enseignants

1. Extraits des actes du colloque.

spécialisés depuis des années dans les formations entrepreneuriales et, pour la plupart, très isolés dans leurs institutions respectives. Ce fut le premier pas vers la création de l'Académie de l'Entrepreneuriat, association d'enseignants de ce domaine, intervenue moins de deux ans plus tard.

L'enquête nationale de l'École de Management de Lyon

Cette enquête a réalisé un recensement des formations entrepreneuriales en France.

C'est vraisemblablement, à ce jour, le travail le plus complet qui ait été réalisé sur le thème du recensement des formations entrepreneuriales en France. En 1998, l'École de Management de Lyon (nouvelle désignation du Groupe École Supérieure de Commerce de Lyon) a lancé une enquête nationale pour identifier les institutions proposant au moins une action pédagogique dans le domaine de l'entrepreneuriat. Un questionnaire a été adressé dans ce but à plus de 1 600 établissements d'enseignement supérieur privés et publics. Plus de 300 établissements ont répondu et, parmi eux, plus de la moitié ont spécifié l'existence de formations entrepreneuriales.

Les résultats de l'enquête ont été présentés dans le rapport rédigé à la demande de la Direction de la Technologie du Ministère de l'Éducation Nationale, de la Recherche et de la Technologie,[1] et dans la revue *Gestion 2000*[2]. Une présentation de l'enquête et des premiers résultats avait fait l'objet d'une communication dans un colloque organisé à Lyon en septembre 1998

1. Une courte synthèse de ce document a été donnée dans une section précédente.
2. Un article a été publié en 2000 dans la revue *Gestion 2000*. Par ailleurs, une communication a été faite dans un colloque international en Australie.

par l'Institut de l'Entreprise et sa commission « Innover et Entreprendre » présidée par Jean-René Fourtou, à l'époque PDG de Rhône-Poulenc.

Les initiatives du club Franco-Britannique sur l'entrepreneuriat

Le club Franco-Britannique des formations supérieures à l'entrepreneuriat a été officiellement créé à Lille le 16 novembre 1999 (en même temps que le premier congrès de l'Académie de l'Entrepreneuriat qui s'est tenu dans la même ville). L'objectif de ce club est de développer l'esprit d'entreprendre dans les formations d'ingénieurs et de managers des deux pays afin d'encourager des vocations et des parcours d'entrepreneurs parmi les étudiants et de favoriser ainsi la création d'activités et d'entreprises dans ces deux économies.

L'objectif de ce club est de développer l'esprit d'entreprendre dans les formations d'ingénieurs et de managers.

Les orientations et activités du club sont pilotées par un comité co-dirigé par des représentants des ministères de l'Industrie français et britannique, et composé d'environ 20 membres. Il s'efforce de faciliter les partenariats croisés, d'encourager les innovations pédagogiques et d'organiser les échanges et la diffusion d'informations à travers un site web, des publications et la mise en place de forum et colloques. Ses différentes initiatives impulsées par le club franco-britannique sur les formations entrepreneuriales ont contribué à l'identification et au recensement d'institutions et de personnes impliquées dans l'enseignement de l'entrepreneuriat en France, en Grande-Bretagne et en Europe.

À ce niveau, notons une initiative importante qui s'est traduite par la participation active du club dans l'organisation du forum européen sur les formations à l'entrepreneuriat qui s'est déroulé à Nice – Sophia

Antipolis les 19 et 20 octobre 2000, dans le cadre de la Présidence française de l'Union Européenne et de la Commission Européenne. Cette manifestation a réuni environ 300 participants et a permis une confrontation dynamique et stimulante des pratiques et des réflexions européennes liées aux formations entrepreneuriales.

La journée du CEFI sur le thème : « Former des ingénieurs entrepreneurs »

Une enquête du CEFI a recensé les formations à l'entrepreneuriat dans les écoles d'ingénieurs.

Le CEFI (Centre d'études sur les formations d'ingénieurs) a organisé une journée de travail pour ses adhérents (essentiellement des écoles d'ingénieurs françaises) le 5 juillet 2000, intitulée « Former des ingénieurs entrepreneurs ». La rencontre a permis à de nombreuses écoles de présenter leurs expériences dans ce domaine, et les échanges entre les participants (environ une centaine de personnes) ont été particulièrement fournis. Pour préparer la journée, une enquête avait été réalisée par le CEFI, visant à recenser les programmes de formation à l'entrepreneuriat dans les écoles d'ingénieurs. Ce travail avait débouché sur la création de 60 « fiches » de présentation d'actions de formation à l'entrepreneuriat dans ces établissements. Ces informations sont consultables sur le site internet du CEFI.

La journée de la CPU sur la sensibilisation des étudiants à l'entrepreneuriat

La Conférence des présidents d'universités (CPU) a organisé le 29 novembre 2000 une journée sur la question de la sensibilisation des étudiants à l'entrepreneuriat. Cette initiative a réuni plus de 200 personnes : enseignants-chercheurs, présidents d'universités, directeurs d'écoles, représentants des ministères, etc.

À l'instar de la rencontre du CEFI, mais cette fois-ci en privilégiant le milieu universitaire, la journée a été l'occasion d'une présentation d'expériences sur le thème de la sensibilisation à l'entrepreneuriat d'une part, et sur celui de l'accompagnement des porteurs de projet d'autre part.

La Conférence des présidents d'universités a organisé une journée sur la question de la sensibilisation des étudiants à l'entrepreneuriat.

Lors de cette journée, un recueil d'expériences d'universités a été remis aux participants. Ce document a été élaboré à la suite d'un appel à présentation d'expériences lancé par la CPU auprès des universités en octobre 2000. D'après les organisateurs de la journée, *« il décrit les expériences d'universités déjà investies dans la sensibilisation et l'accompagnement à la création d'entreprise et d'activité qui ont répondu à cet appel. Il a pour objectif de faire connaître et mutualiser le savoir-faire des universités en ce domaine. Il est loin d'être exhaustif : il ne demande qu'à être complété »*[1]. Ce document recense 35 institutions universitaires et présente 83 expériences.

Un congrès annuel de la Conférence des grandes écoles

Le 15e congrès de la Conférence des grandes écoles organisé à Marseille les 25 et 26 janvier 2001 a choisi de s'intéresser au thème suivant : *« Les Grandes Écoles, acteurs directs du développement économique : de la création de savoirs à la création de richesses. »* Plusieurs ateliers et interventions ont abordé la question des formations à l'entrepreneuriat et à la création d'entreprise.

Le congrès de la Conférence des grandes écoles s'est intéressé aux formations à l'entrepreneuriat.

1. Extrait du recueil d'expériences d'universités préparé pour la journée CPU du 29/11/00.

Louis-Jacques Filion, professeur titulaire de la chaire d'entrepreneurship à HEC Montréal, lors d'une conférence d'ouverture, a souligné les différences existant entre entrepreneur et gestionnaire et donné une idée des principales implications d'acteurs au niveau de la formation entrepreneuriale. Deux des six ateliers du congrès ont par ailleurs abordé directement des questions concernant l'enseignement et la formation dans le domaine de l'entrepreneuriat. Un premier atelier portait sur *« l'enseignement, vecteur de développement économique : la pédagogie par projet, la pédagogie entrepreneuriale, l'alternance... »* et un second était destiné à susciter les débats sur *« les outils de l'entrepreneuriat et d'accompagnement de la création d'activités »*. Ces deux ateliers sont ceux qui ont réuni les plus fortes participations, ce qui démontre une fois de plus l'intérêt porté à ces thèmes et l'intensité de la demande dont ils font l'objet.

Vers la constitution d'un réseau consacré à l'enseignement de l'entrepreneuriat

Quelques structures jouent un rôle majeur dans la diffusion des connaissances sur l'enseignement de l'entrepreneuriat.

Quelques structures et organismes jouent un rôle majeur dans la diffusion des connaissances sur les pratiques, les expériences, les méthodes et les stratégies liées à l'enseignement de l'entrepreneuriat, son développement ou sa diffusion. Ils peuvent aussi être des forces de proposition et contribuer ainsi à l'aménagement et à l'amélioration de la performance de l'ensemble des dispositifs et cadres d'action, structures récentes créées spécifiquement pour accompagner ce mouvement de diffusion de l'entrepreneuriat dans le système éducatif français.

Au sein de cet ensemble de structures et d'acteurs qui participent au développement de l'enseignement de l'entrepreneuriat en France, on peut identifier deux groupes d'organismes qui se sont saisis différemment de la question. Un premier groupe est composé de structures récentes créées spécifiquement pour accompagner ce mouvement de diffusion de l'entrepreneuriat dans le système éducatif français. Il s'agit de la commission « Promouvoir l'esprit d'entreprendre et la création d'entreprise dans le système éducatif » du CNCE, du club franco-britannique sur les formations entrepreneuriales et de l'Académie de l'entrepreneuriat. Dans ces trois organismes, nous trouvons essentiellement des représentants du monde de l'enseignement et de la recherche, principalement des enseignants, plus marginalement des directeurs d'écoles, des présidents d'universités ou des professionnels de la création d'entreprise. Ces trois acteurs travaillent de concert avec la plupart des autres partenaires qui participent, à l'intérieur d'un deuxième groupe, au remodelage des réseaux d'influence et d'action en prise directe avec l'enseignement supérieur.

Dans ce deuxième groupe agissent des structures qui existent depuis longtemps, qui appartiennent très souvent à l'État ou sont directement contrôlées par lui, et qui sont positionnées soit dans le champ de l'entrepreneuriat, soit dans celui de l'enseignement. Leurs positions sont parfois moins évidentes, mais elles restent toujours fondées sur des liens avec l'un et/ou l'autre de ces deux domaines. Sans vouloir à tout prix être exhaustif, on peut citer comme membres actifs de ce second groupe dans le champ de l'entrepreneuriat : l'APCE et l'ANVAR, dans le champ de l'enseignement : le ministère de l'Éducation nationale, la CPU, la CGE, le CEFI, et, dans une position mixte : les ministères de la Recherche, de l'Économie, des Finances et de l'Industrie.

D'autres acteurs apparaissent également dans ce paysage en tant que partenaires de l'une ou de plusieurs de ces différentes structures. C'est notamment le cas du groupe Caisse des Dépôts qui soutient certaines initiatives de la CPU et de l'Académie de l'entrepreneuriat, ou encore de la FNEGE, également partenaire de cette dernière.

Le constat que nous pouvons faire à travers cette analyse des initiatives récentes dans le domaine de l'enseignement de l'entrepreneuriat est qu'en définitive, si les acteurs d'un réseau consacré à l'enseignement de l'entrepreneuriat semblent bien identifiés sur la base de leurs positionnements initiaux, rares ont été (pour ces acteurs) les occasions de travailler tous ensemble sur des projets d'envergure et de nature véritablement structurante. Il reste vraisemblablement un bout de chemin à parcourir pour fédérer toutes ces volontés et ces énergies afin que puissent être développées des synergies utiles et nécessaires à la diffusion large et réussie des pratiques de sensibilisation et de formation à l'entrepreneuriat au sein du système éducatif français.

Comment s'organisent les pays non-européens ?

Les pays d'Amérique du Nord réalisent régulièrement depuis plus de 20 ans des enquêtes nationales et/ou internationales dont l'objectif est de recenser les programmes de formation à l'entrepreneuriat[1]. Karl H. Vesper a réalisé par exemple en 1993 une étude destinée à présenter les programmes et les cours d'entrepreneuriat dans les universités américaines et

1. Voir notamment les enquêtes de Vesper, Solomon ou Gartner pour les États-Unis.

étrangères[1]. Il en dénombre 460 qui sont dispensés dans 360 établissements environ. Ce travail montre la variété des cours proposés ; il traite des méthodes et innovations pédagogiques, ainsi que des autres caractéristiques de ces formations.

Les pays d'Amérique du Nord recensent régulièrement les formations à l'entrepreneuriat.

Quelques années plus tard, une enquête similaire a été réalisée par le même K.H. Vesper, associé à W.B. Gartner[2]. L'étude porte sur les programmes universitaires (académiques) américains et internationaux. Au total 128 établissements ont fourni des éléments descriptifs détaillés sur leurs cours et programmes spécialisés en entrepreneuriat. 504 cours de 22 types différents sont décrits dans ce travail. L'originalité de l'étude est d'introduire des critères reliant enseignement et recherche universitaire en entrepreneuriat.

Nous avons enfin retenu une étude canadienne analysant les relations entre les universités et l'entrepreneuriat[3]. L'enquête nationale est de type exploratoire et porte sur les centres universitaires consacrés à l'enseignement entrepreneurial. L'objectif de la recherche est d'identifier ces centres, de les localiser, de présenter leurs missions et leurs activités, de décrire leurs modes d'organisation, de management et de financement, de dégager enfin leurs problèmes et leurs facteurs de

1. « Entrepreneurship Education », Karl H. Vesper, University of Washington.
2. « University Entrepreneurship Programs – 1999 », Karl H. Vesper, William B. Gartner, University of Southern California, Marshall School of Business, Llyod Greif Center for Entrepreneurial Studies.
3. « Report of a National Study of Entrepreneurship Centres », Teresa V. Menzies, Faculty of Business, Brock University, Funded by The John Donson Foundation.

réussite. L'étude montre que l'organisation et le fonctionnement des 32 centres de ce type suivent une multiplicité de logiques et d'objectifs qui rend difficile l'extraction d'un modèle unique conduisant au succès dans tous les cas de figure.

Chapitre 8

Éduquer et former les jeunes générations à l'acte d'entreprendre ; les accompagner sur cette voie

Pour aborder les questions principales relatives aux enjeux du développement de l'enseignement[1] de l'entrepreneuriat en France, nous avons privilégié deux entrées. La première s'appuie sur nos propres analyses et synthèses issues de travaux effectués en France et à l'étranger. Elle repose aussi sur des publications scientifiques récentes. La seconde est fondée sur la consultation d'experts français interrogés en janvier 2001 en utilisant les techniques du questionnaire auto-administré et de l'entretien semi-directif centré.

Abordons sous deux angles les questions relatives aux enjeux du développement de l'enseignement de l'entrepreneuriat.

1. Il n'est pas inutile de rappeler que nous entendons par « enseignement de l'entrepreneuriat » l'ensemble des actions de sensibilisation, de formation et d'accompagnement des étudiants (ou apprenants) qui concourent tout aussi bien à les faire évoluer sur des registres culturel et comportemental qu'à leur transmettre des connaissances et savoirs « actionnables ».

Nous avons adressé un questionnaire à un groupe de 22 personnes sélectionnées en raison de leur connaissance et de leur pratique de l'enseignement de l'entrepreneuriat. Nous avons reçu 10 questionnaires renseignés d'une façon très complète (entre 3 et 10 pages), et nous avons réalisé avec un expert un entretien semi-directif centré d'une durée d'environ une heure. Les thèmes que nous avons soumis aux personnes consultées et qui ont alimenté nos propres réflexions peuvent être résumés simplement par les questions suivantes :

- pourquoi faut-il enseigner l'entrepreneuriat ?
- quel est (ou quels sont) l'(les) objet(s) d'enseignement ?
- comment développer ce type d'enseignement ?
- quels peuvent être les effets de cet enseignement ?

Ces questions, en apparence simples, sont d'une grande complexité, et certains experts ont souligné que, pour y apporter un début de réponse, il faudrait envisager la rédaction d'un livre, ce que nous croyons bien volontiers.

Nous allons dans ce chapitre apporter des éléments de réponse à trois questions parmi celles que nous avons posées. La première est celle du *« Quoi ? »*, c'est-à-dire celle de l'objet de cet enseignement. La seconde est celle du *« Comment ? » ;* elle renvoie aux méthodes, stratégies et moyens qui apparaissent utiles, nécessaires ou performants. La dernière question est celle du *« Pour quels résultats ? » ;* elle permet d'apprécier, à travers les impacts, toute la pertinence de ces formations.

QUELLES APPROCHES DE L'OBJET D'ENSEIGNEMENT ?

Il nous a tout d'abord semblé indispensable de clarifier quelque peu ce que l'on entend par « enseigner l'entrepreneuriat ». En premier lieu le mot « enseigner » est-il convenable ?

Le mot « enseigner » est-il convenable ?

Qu'entend-on par « enseigner l'entrepreneuriat » ?

Un expert souligne que, pour beaucoup d'individus, l'idée, les concepts liés à l'entrepreneuriat ne sont ni connus, ni clairs. Un tel enseignement permet donc d'ouvrir l'esprit et l'horizon de ces personnes, d'élargir leurs connaissances. Un second expert propose une réflexion préalable plus fondamentale sur les mots « enseigner » et « entrepreneuriat. » Pour lui ces deux mots ne vont pas bien ensemble, et il propose un retour aux sources. Le dictionnaire Hachette donne les définitions suivantes : *« Enseigner : instruire quelqu'un (dans un art, une science) ; lui donner des leçons, lui transmettre des connaissances. Enseigner la littérature ; enseigner la danse aux enfants... »* L'entrepreneuriat faisant référence à l'initiative individuelle, à la création et parfois à l'innovation, peut-on, en donnant des leçons ou en transmettant des connaissances, favoriser l'émergence d'entrepreneurs et rendre une société plus entrepreneuriale ? Enseigner, avec les définitions qui en sont données plus haut, induit une certaine passivité de l'apprenant... Le mot *« éduquer »* ne serait-il pas préférable, avec les définitions suivantes : *« développer le caractère, l'esprit, les facultés de quelqu'un, en particulier d'un enfant ; développer une faculté, un organe : éduquer sa mémoire ou son oreille. »*

« Éduquer » ne serait-il pas préférable à « enseigner » ?

L'expert précise ensuite qu'il faut s'entendre aussi sur le mot entrepreneuriat et sur ses différentes significations. Par exemple, il peut désigner des aptitudes comme l'autonomie, la créativité, l'innovation, la prise de risque ou il peut désigner l'acte de création d'entreprise.

Ces préambules rejoignent les réflexions que nous avons déjà développées dans un chapitre précédent. Nous sommes convaincus qu'enseigner l'entrepreneuriat ne peut se concevoir sans un essai de clarification du concept et du champ. Au fond de quoi parle-t-on quand on parle d'enseigner l'entrepreneuriat ? Dans un travail précédent nous avons tenté d'apporter une première clarification en précisant ce que pouvaient être les cibles (les différents publics), les objectifs et les niveaux d'enseignement (sensibilisation, formation, accompagnement). Nous allons essayer d'aller un peu plus loin et de compléter cette représentation initiale.

Il nous semble que le concept d'entrepreneuriat, dans une perspective d'enseignement suffisamment large, peut être relié aux trois registres différents et aux deux dimensions de l'action organisée que nous avons présentés dans la première partie de notre ouvrage. Rappelons simplement que ces trois registres sont l'état d'esprit, les comportements et les situations. Les deux dimensions dont nous parlons concernent, quant à elles, l'acteur-individu et l'acteur-organisation. L'entrepreneuriat peut, en effet, s'adresser à un individu ou à une entreprise.

Dans cette perspective, l'enseignement de l'entrepreneuriat peut avoir des objets aussi singuliers que l'état d'esprit (ou la culture), les comportements et les situations. Le niveau d'enseignement le plus intégrateur, le plus complexe et le plus riche est vraisemblablement celui de la mise en situation pédagogique active. C'est aussi le plus difficile sur un plan pédagogique et le plus consommateur de ressources. Par ailleurs, il nous semble qu'un bon enseignement dans ce domaine doit apprendre à des individus à se positionner par rapport au phénomène entrepreneurial dans le temps et dans l'espace. Se positionner dans le temps, revient à repérer le(s) moment(s) de sa vie où il est possible et souhaitable d'envisager un engagement dans une situation entrepreneuriale. Se positionner dans l'espace, consiste à identifier la ou les situation(s) entrepreneuriale(s) qui entre(nt) en résonance avec son profil d'entrepreneur.

Quelles définitions de l'objet d'enseignement ?

Cette section aurait pu tout aussi bien s'intituler : « *Quelles définitions des objets d'enseignement ?* », tant les avis et les développements des experts consultés renvoient vers une multitude de points de vue sur des objets possibles (et souhaitables ?). Les enjeux de cette tentative de clarification sont, selon nous, plutôt d'ordre pédagogique, méthodologique et théorique. La variété des réponses, les non-réponses et les esquives subtilement mises au point pour tenter de ne pas répondre montrent bien toute la complexité de la question et soulignent toute l'importance du travail à réaliser et des efforts à accomplir pour parvenir à doter les enseignants et les formateurs d'un cadre de référence conceptuel, voire d'une théorie susceptible d'être enseignée.

Il faut faire des efforts pour doter les enseignants et les formateurs d'une théorie susceptible d'être enseignée.

Des travaux américains récents tendent à montrer que la variété constatée dans les cours d'entrepreneuriat ne vient pas seulement d'un large esprit d'ouverture en ce qui concerne les différentes approches possibles pour enseigner cette matière, ni uniquement de la liberté à l'œuvre dans le système universitaire. Elle peut être expliquée par une insuffisance de rigueur théorique de nature à permettre un consensus autour des questions fondamentales[1]. Le niveau de rigueur théorique affiché dans les cours d'entrepreneuriat est d'ailleurs fortement lié à celui qui est développé dans les recherches en entrepreneuriat. Le rôle de la recherche et les orientations qui lui sont données apparaissent donc comme fondamentaux par rapport à ces questions de théories et d'approches pédagogiques utilisables pour enseigner l'entrepreneuriat. Force est de constater qu'en France, l'état de la recherche en entrepreneuriat est à un stade embryonnaire et que, dans la pratique, très peu de travaux sont consacrés à des recherches associant les deux notions d'enseignement et d'entrepreneuriat.

Pour faciliter le travail des experts et orienter leurs réflexions, nous leur avons donné des explications complémentaires de nature à éclairer ce que nous souhaitions aborder en la matière dans notre questionnaire : *« Ce thème doit permettre de mieux cerner ce que renferment ces enseignements et aussi ce qui peut en faire des enseignements spécifiques. L'entrepreneuriat constitue-t-il un corpus disciplinaire ou un ensemble de contextes dans lesquels on mobilise des outils et des théories importées d'autres champs disciplinaires ? »*

1. J.O. FIET, « The theoretical side of teaching entrepreneurship », *Journal of Business Venturing,* n° 16, 2000, pp. 1 à 24.

L'analyse d'ensemble des propos tenus par les experts met en évidence au moins trois regards différents portés sur l'entrepreneuriat en tant qu'objet d'enseignement. Nous avons choisi un mode de présentation construit sur des « types » en étant conscient qu'ils ne traduisent qu'imparfaitement la variété des situations et des contextes pédagogiques et la richesse des informations transmises par les experts. Il est évident que ces regards, en l'état actuel des connaissances, doivent être combinés et ne pas laisser place à des approches antagonistes et/ou réductrices. L'enseignement de l'entrepreneuriat est ainsi considéré à la fois comme :

- contingent,
- relevant de la pédagogie active par projet,
- assemblant d'une façon particulière différentes disciplines.

Nous allons détailler chacune de ces différentes visions développées par les experts consultés.

Enseigner avant tout en fonction des publics et des situations

Ce premier regard est parfaitement résumé par la remarque introductive faite par l'un des experts : « Il est nécessaire de tenir compte de la diversité des situations et des contextes en ne faisant pas systématiquement référence à l'enseignement supérieur ». Un autre expert précise que *« si l'entrepreneuriat est une discipline à géométrie variable, son enseignement peut aussi prendre des formes différentes selon les buts que l'on se fixe et le public visé »*. Un troisième ajoute : *« Une manière de rassembler sous un concept fédérateur la multitude de réponses possibles à cette question est de dire que les objets d'enseignement sont ceux, multiples et variés, que l'on jugera (ceci étant fonction des contextes et des*

Il est nécessaire de tenir compte de la diversité des situations.

publics visés) susceptibles d'améliorer la performance de l'acte entrepreneurial, entendue ici comme l'atteinte d'un minimum d'adéquation entre les résultats de l'action entrepreneuriale et les aspirations et les capacités de ceux ou celles qui entreprennent. » L'idée principale qui peut être extraite de cette réflexion est qu'il convient de concevoir l'approche pédagogique et les apports de connaissances (classiques ou plus innovantes) et « d'habiletés » qui soient les mieux à même d'améliorer la performance de l'acte entrepreneurial dans un contexte donné.

Les experts qui semblent partager cet avis considèrent que les apports de l'enseignement sont mélangés et comportent une partie « classique », fondée sur des disciplines « traditionnelles », et une partie spécifique, fondée sur la recherche et les pratiques professionnelles et/ou pédagogiques. Ceci est partiellement résumé dans le propos suivant : « *L'enseignement de l'entrepreneuriat est important, car la mise en place d'un projet entrepreneurial ne s'improvise pas. Il est impératif de maîtriser un certain nombre de connaissances, d'adopter des comportements adéquats, et de connaître les différents contextes propices au développement d'un projet... L'enseignement fait appel à d'autres disciplines de la gestion, comme par exemple le marketing, la stratégie, la finance et la gestion des ressources humaines. Il s'agit cependant de faire des emprunts à ces disciplines pour aborder l'entrepreneuriat dans une optique de création d'entreprise, c'est-à-dire comme un processus partant de l'identification d'une opportunité, de sa formalisation, de l'acquisition des ressources, et du lancement de l'activité.* »

Nous livrons ici dans son intégralité, en guise de conclusion de cette sous-section, le propos tenu par un expert : « *L'entrepreneuriat concerne, pour l'essentiel, l'émergence et la transformation choisie des organisations humaines. Il s'intéresse ainsi non seulement aux raisons de cette émergence, rejoignant ainsi les préoccupations des économistes, des sociologues, des politologues... mais aussi à la façon dont on peut concevoir et construire de nouvelles activités ou de nouvelles organisations. Il peut ainsi être abordé :*

- *comme phénomène : ce qui est, qui y participe ; ce qui se fait ;*
- *comme processus : comment se fait ce qui se fait et ce qu'il faudrait faire ;*
- *comme domaine unificateur de méthodes et de recherches spécialisées, considérées habituellement comme faisant partie de champs différents ;*
- *comme façon différente de penser : l'entrepreneuriat a pour objet de concevoir ou d'explorer le virtuel pour le transformer en réel, ce qui amène à repenser les méthodes et les paradigmes habituels du management. »*

Enseigner en utilisant la pédagogie par projet

« Les enseignements spécifiques de l'entrepreneuriat sont donc très liés à la conduite d'un projet dans toutes ses étapes. » La formation à la création d'entreprise passe par une mise en situation, sur la base de projets réels et d'apports de connaissances spécifiques. Il faut *« développer des pédagogies actives, en entrepreneuriat : travail de groupe, pédagogie par projet, moins de cours magistraux... ».* Cette pédagogie active doit *« donner du temps au temps » ;* elle est une forme d'apprentissage dans l'action. Certains experts évoquent l'importance des questions méthodologiques : *« Je présente à mes étudiants la méthodologie de création d'entreprise en les faisant travailler sur un projet*

Les enseignements de l'entrepreneuriat sont très liés à la conduite d'un projet.

de création ex nihilo dont ils sont les auteurs. » D'autres mettent en position centrale le concept de dialogique individu/création de valeur développé par Christian Bruyat dans sa thèse de 1993.

Pour bien faire comprendre l'état d'esprit des partisans de cette approche, nous reprenons ci-après un propos qui nous semble assez représentatif : « *Nous avons choisi tout d'abord une pédagogie basée sur la construction d'une première expérience. Il ne s'agit nullement de bâtir l'enseignement sur des bases théoriques non utilisées. Ainsi, notre module se déroule sur une année scolaire pour permettre aux étudiants une mise en pratique immédiate et dans la durée. En effet, le temps est un facteur important de cette pédagogie, car il permet, au fur et à mesure de l'année de faire évoluer le projet, de prendre du recul et bien entendu de réaliser des études "terrain" qui s'imposent. Nous avons évité un déroulement de type "opération commando" en temps très limité qui n'aurait pas permis aux étudiants de "digérer" de nouveaux concepts éloignés de leurs cursus traditionnels.* »[1] Vu sous cet angle, l'entrepreneuriat constituerait « *un creuset, une synthèse de tout un ensemble de connaissances antérieures, mais pas encore combinées, utilisées avec le fil conducteur de la création d'activités ou d'entreprises* ».

Enseigner en important les concepts et en les assemblant d'une façon particulière

Plusieurs experts pensent que l'entrepreneuriat et son enseignement font appel à des connaissances, des outils, des théories importés d'autres disciplines.

1. Ce propos relate une expérience pédagogique réalisée depuis peu dans des écoles d'ingénieurs.

« L'enseignement de l'entrepreneuriat pose problème car l'entrepreneuriat en lui-même est difficile à définir ; l'entrepreneuriat a été traditionnellement abordé au travers d'autres disciplines bien établies comme la sociologie, l'histoire, l'économie, la psychologie ou encore la géographie. L'entrepreneuriat étant une discipline émergente, il est donc normal que l'objet de l'enseignement ait encore des frontières mal définies. D'aucuns diront aussi que c'est là le propre de l'entrepreneuriat, qui est une discipline transversale et qui fait des emprunts aux disciplines évoquées précédemment. » Les apports venus d'autres disciplines peuvent concerner une étape particulière du processus : *« Pour la construction du business plan, je fais appel à des notions issues d'autres champs disciplinaires comme la stratégie, le marketing, la finance et la comptabilité. »*

L'enseignement de l'entrepreneuriat fait appel à d'autres disciplines.

Compte tenu de l'origine de la plupart des experts interrogés, il n'est pas anormal que les sciences de gestion soient mobilisées : *« S'agissant du gestionnaire, dont l'objet générique est la conception et la conduite des organisations à finalité socio-économique... toutes les branches des sciences de gestion sont convoquées : finance, marketing, gestion des ressources humaines, etc. »* Mais cette position oblige parfois à sortir de ces disciplines : *« Je porte, sur l'entrepreneuriat un regard de gestionnaire. À l'évidence, tout comme en sciences de gestion, l'entrepreneuriat emprunte à différentes disciplines. Par exemple comment ne pas s'intéresser à la psychologie pour étudier l'acteur central du phénomène ? »*

Un expert développe une vision « grand angle » pour bien montrer la diversité des disciplines utiles, eu égard à la complexité du phénomène et à l'importance des enjeux éducatifs et socio-économiques. Il sépare les disciplines en fonction des objets et/ou des problématiques. C'est ainsi que pour *« approcher l'être entrepreneur, pour comprendre les déclencheurs, les motivations et les objectifs »*, il apparaît utile de mobiliser des savoirs issus de la philosophie, de la psychologie et de la sociologie. Pour *« comprendre et identifier le contexte, les opportunités et les freins à l'acte d'entreprendre »*, l'histoire, l'économie et la géopolitique peuvent s'avérer d'un grand secours. Enfin, pour gérer et manager (le projet, l'entreprise), comme *« outils nécessaires et indispensables »*, les disciplines des sciences de gestion, (gestion, droit, fiscalité, statistiques, marketing) semblent s'imposer. En bref, pour cet expert, enseigner l'entrepreneuriat, *« c'est une autre façon de mettre en phase des savoirs éparpillés, de leur donner un but à la fois concret : créer de la valeur, et spirituel : accomplir un être. »*

Comment enseigner l'entrepreneuriat ?

Cette question peut être entendue de deux façons : comment développer l'enseignement de l'entrepreneuriat à l'intérieur d'une institution (d'un établissement d'enseignement, par exemple) ou d'une façon plus large : comment développer l'enseignement de l'entrepreneuriat au sein du système éducatif français ? Notre choix a été de ne pas orienter les experts dans l'une ou l'autre de ces voies et de leur laisser toute liberté pour traiter le thème comme ils l'entendaient.

Une première série des réflexions qu'ils ont formulées concerne la dimension pédagogique de la question. Elles visent à repérer les niveaux d'enseignement, les objectifs pédagogiques, les profils d'enseignants et les publics à prendre en compte. Une deuxième famille de réflexions est réservée à la place de la recherche et aux formes de recherche à privilégier. Un troisième et dernier groupe de réflexions est centré sur les acteurs et les structures entendues comme des dispositifs de soutien et d'accompagnement des processus de diffusion et de dissémination de l'enseignement de l'entrepreneuriat entre institutions et au sein du système éducatif dans son ensemble. Nous allons rendre compte des positions des experts et de nos analyses au travers de cette grille de lecture à trois niveaux.

Le « Comment » en ce qui concerne la pédagogie

Pour développer l'enseignement de l'entrepreneuriat, plusieurs recommandations préalables sont avancées. Tout d'abord, il semble indispensable de « *bien veiller à cibler les enseignements (tant au niveau des publics que des contenus), avec un souci permanent de définir au préalable les objectifs poursuivis* ». Il apparaît ensuite nécessaire d'éviter « *la trop forte tentation de se substituer à l'univers professionnel (cabinet conseil, incubateur) en cherchant surtout à privilégier la création d'entreprise* ». Il faut également ne pas se « *focaliser sur le seul baromètre du nombre de créations suscitées et accompagnées... sinon cet aveuglement risque de gêner la mise en place d'un système d'évaluation des actions plus qualitatif (basé sur le savoir-être par exemple) et plus longitudinal* ». Une dernière recommandation est d'éviter de réserver l'enseignement de l'entrepreneuriat à « *certaines classes ou groupes (une élite ?) et de le diffuser le plus largement possible en l'adaptant, certes, aux différents publics* ».

Il est indispensable de bien cibler les enseignements et de définir au préalable les objectifs poursuivis.

Les experts pensent donc qu'il convient d'enseigner l'entrepreneuriat à une grande variété de publics et d'éviter de céder à « *la tentation, qui est grande, de se limiter à la seule clientèle naturelle des étudiants, voire des personnes en formation continue mais imprégnée de la culture délivrée par les universités et les grandes écoles, alors que le champ d'intervention est beaucoup plus vaste* ». Ils proposent donc, au-delà des études supérieures, de porter ce type d'enseignement dans le secondaire général et technique et dans les classes élémentaires. Certains considèrent même qu'enseigner l'entrepreneuriat doit s'envisager pour des populations en échec scolaire, pour des entrepreneurs potentiels, pour des entrepreneurs actifs, pour des acteurs du développement économique, des consultants, des professionnels de la création d'entreprise et des personnels d'entreprises.

Les niveaux d'intervention dégagés par les experts rejoignent et reprennent les niveaux que nous avions mis en évidence dans notre rapport de 1999, à savoir :

- un niveau « sensibilisation »,
- un niveau « formation spécialisée »,
- un niveau « accompagnement des porteurs de projet »,

avec parfois des facettes complémentaires comme l'accueil et le conseil, dont on peut se demander si cela relève bien d'une mission incombant à un établissement d'enseignement.

Les objectifs les plus souvent cités concernent l'ouverture des étudiants (et d'autres publics) à l'entreprise et à l'entrepreneuriat, la facilitation des démarches et des parcours des personnes qui portent des projets entrepreneuriaux, le développement de connaissances et de compétences utiles pour entreprendre dans différentes situations et différents contextes.

La question du profil des intervenants a peu mobilisé les experts. Tout au plus deux d'entre eux soulignentils la nécessité de mettre à l'œuvre, en l'occurrence, *« des personnes réellement motivées et ayant un peu le profil entrepreneur ».* Par ailleurs, il semble essentiel d'impliquer les enseignants, sans lesquels rien ne pourra se faire en profondeur, même si *« cela pose un problème de statut, ce type d'activité étant très consommateur de temps alors que les enseignants sont "payés" pour faire des heures de cours et de la recherche (pour le supérieur). Il faudrait pouvoir en tenir compte car le "bénévolat" a ses limites. »*

Le « Comment » en ce qui concerne la recherche

Tous les experts interrogés s'accordent à reconnaître l'importance de la recherche pour faire progresser les connaissances dans le domaine de l'entrepreneuriat. Elle est, pour beaucoup d'entre eux, essentielle, voire primordiale, car *« c'est une condition incontournable pour que l'entrepreneuriat se décline dans les enseignements et les pratiques. »* La recherche en entrepreneuriat est, d'autre part, un *« élément crucial pour la reconnaissance de l'entrepreneuriat en tant que discipline ».* La recherche est directement couplée à l'enseignement. La liaison entre l'enseignement et la recherche est à la source de *« la promotion de programmes de formation d'excellence en entrepreneuriat ».* D'où la nécessité d'avoir, pour enseigner l'entrepreneuriat, *« des enseignants-chercheurs spécialisés dans cette discipline »,* ce qui pose de nouveau le *« problème du statut, encore incertain en France, de celle-ci dans la communauté scientifique, et notamment celle des sciences de gestion ».*

La recherche est une condition essentielle à l'enseignement de l'entrepreneuriat et à sa mise en pratique.

La recherche doit donc être stimulée et encouragée. Une façon d'y parvenir serait *« d'engager des actions conjointes : thèses en entrepreneuriat, créations de postes de maîtres de conférences "fléchés entrepreneuriat", financement public d'études et de recherches sur des thématiques spécifiques, constitution et dynamisation de réseaux pour diffuser largement les résultats des recherches* ». La recherche doit être comprise à travers ses principales formes : recherche appliquée et recherche fondamentale. Un expert ajoute qu'il « *faut favoriser la création d'outils pédagogiques adaptés à des cibles différentes : mallettes pour le primaire et le secondaire, cas, jeux...* ».

Pour terminer, nous allons laisser la parole à un expert dont nous partageons entièrement l'avis concernant la situation de la recherche en France : « *La recherche en entrepreneuriat a pris du retard, du fait que les écoles et les universités se sont intéressées à cette discipline tardivement. Les professeurs possédant une habilitation à diriger des recherches ou une agrégation dans cette discipline se comptent encore sur les doigts d'une main. Il faut que les chercheurs français étudient de près ce qui s'est déjà fait ailleurs, pour affiner les outils de recherche, ne pas faire les mêmes erreurs et faire progresser cette discipline.* » Il conviendrait de multiplier les chaires d'enseignement et de recherche en entrepreneuriat comme c'est le cas dans les universités canadiennes et américaines.

Le « Comment » en ce qui concerne les acteurs et les structures

Les personnes consultées donnent de l'Académie de l'entrepreneuriat une image quelque peu contrastée. Deux développements résument assez bien un premier sentiment sur ce que fait cet organisme ou sur ce qu'il devrait faire. « *L'Académie de l'entrepreneuriat est amenée à jouer un rôle important dans le domaine de la recherche et de l'enseignement en France. En particulier, l'Académie est déjà un forum au sein duquel les chercheurs et enseignants peuvent diffuser leur recherches et partager leurs expériences. L'Académie pourrait jouer un rôle plus actif en tant qu'initiateur de projets de recherche au niveau national.* » Le deuxième regard est très similaire au premier : « *Le rôle de l'Académie de l'entrepreneuriat est fort important dans la mesure où cette dernière rassemble des enseignants et des chercheurs, expérimentés et impliqués ; ce rôle la situe à la fois comme lieu naturel de recensement et de partage d'expériences, ce qui signifie aussi lieu privilégié d'invention des pédagogies, lieu de formation à ces pédagogies (à la fois pour des enseignants, mais aussi pour des consultants, des animateurs/accompagnateurs de nouveaux chefs d'entreprise), lieu de recherches enfin.* »

Les experts donnent une image contrastée de l'Académie de l'entrepreneuriat.

Cette vue, large et un peu abstraite, n'est cependant pas partagée par tout le monde. Quelques experts reconnaissent dans l'Académie essentiellement « *une structure de réunion et de mobilisation d'une communauté scientifique et pédagogique autour d'un thème* ». *Un autre considère que* « *sa principale mission relève de la pédagogie et qu'elle ne joue pas encore complètement son rôle dans ce domaine* ». Les attentes vis-à-vis de l'Académie de l'entrepreneuriat traduisent d'ailleurs des attentes plus générales et portent, principalement, sur des fonctions d'impulsion, de coordination, d'ingénierie pédagogique, de consultance, de formation, de production de connaissances et de diffusion dans les domaines de l'enseignement et de la recherche en entrepreneuriat. Le champ délimité par ces différentes fonctions est très vaste (trop ?) ; il nous apparaît évident qu'une seule association ne peut pas assumer systématiquement l'ensemble de ces fonctions avec rapidité, efficacité et excellence. Aussi nous semble-t-il préférable d'envisager à terme des réponses plus collectives à travers, notamment, une meilleure répartition des rôles et des missions entre les membres d'un réseau actif réservé à l'enseignement de l'entrepreneuriat et dont nous avons essayé de dessiner les contours dans une section précédente. Sans oublier d'associer à ces structures, d'une façon étroite, les professionnels de la création d'entreprise et les entrepreneurs eux-mêmes.

Il semblerait que tous les experts se rejoignent par ailleurs sur la nécessité d'insérer dans le dispositif actuel un outil d'accompagnement et de soutien qu'ils dénomment parfois *« incubateur »* ou encore *« centre d'entrepreneuriat »* ou enfin *« maison de l'entrepreneuriat »*. L'idée générale est d'avoir un lieu qui permette l'accueil, l'orientation et la prise en charge « relative » des étudiants ou d'autres personnes porteuses de projets entrepreneuriaux. Les experts souhaitent en la matière éviter les approches systématiques et proposent d'ouvrir ces structures à des étudiants de disciplines différentes, pour en faire des lieux de croisement, de fertilisation et d'enrichissement mutuel.

Les propos des experts ont par ailleurs trait aux faiblesses, insuffisances ou lacunes, observées dans le dispositif actuel de l'enseignement de l'entrepreneuriat. Un expert souligne que l'on connaît aujourd'hui peu d'alternatives identifiées et évaluées à la *« demande forte de "modèles utilisables" dans l'enseignement de l'entrepreneuriat »*. Pourtant, nous l'avons déjà évoqué, de nombreuses initiatives existent, et des bonnes volontés sont mises en actes. *« Mais l'entrepreneuriat est au cœur de tant d'enjeux qu'il cristallise énormément de problèmes et de tensions... »* Un des risques est que dans ces conditions, associé au développement de l'enseignement de l'entrepreneuriat, apparaisse un *« émiettement »*, un *« saupoudrage »*, de cours ou de modules, chaque institution vantant les mérites de son approche par définition unique ; nous aurions alors affaire à une sorte de diktat du quantitatif sur le qualitatif.

Deux questions essentielles, selon nous, sont posées par un expert et interpellent la communauté des enseignants : *« Comment favoriser l'instauration d'une instance de régulation (voire de contrôle), pour valider, pour "labelliser" les contenus et les programmes proposés ? », et « Comment faire en sorte d'accompagner les établissements qui souhaitent s'engager dans ces cursus ? Peut-on imaginer la mise en place d'une cellule consultative chargée de conseiller, d'identifier les acteurs (enseignants, formateurs...) sur le plan local, et de développer la coordination ? »*

Comme nous pouvons le constater, le dispositif d'ensemble est loin d'être achevé, et ces questions devraient ouvrir la voie à des réflexions et à des débats en vue de faire évoluer les structures pour les adapter aux exigences nées d'un développement de l'enseignement de l'entrepreneuriat, développement dont nous pouvons dire qu'il est actuellement, au niveau national, privé d'un cadre de référence et d'un système de guidage et d'appui.

Quels effets de l'enseignement de l'entrepreneuriat : créer plus d'entreprises et d'emplois ou changer l'état d'esprit ?

L'avis des experts sur ce thème est unanime. Tous s'accordent à reconnaître que la question de l'évaluation des formations entrepreneuriales et de leur impact

La question de l'évaluation des formations entrepreneuriales et de leur impact est complexe.

est difficile, voire complexe. Comment mesure-t-on un *« changement d'état d'esprit »* ou des *« comportements » ?* Comment intégrer l'importance du temps dans ces processus d'évolution et de transformation des individus, des étudiants ? Comment isoler les facteurs « enseignement », « éducation », « formation » des autres facteurs qui peuvent jouer un rôle dans une orientation professionnelle, dans une carrière ? Nous rejoignons totalement les interrogations des experts sur la difficulté à évaluer des *« bonnes pratiques »* d'enseignement et à *« mesurer »* les résultats des enseignements.

Cette difficulté est d'abord liée au fait que la réponse à la question : *« Qu'est ce qu'une "meilleure pratique" ? »* n'est pas évidente. Tout d'abord, parce que les critères d'appréciation sont nombreux et parfois peu objectifs. Lequel, lesquels faut-il privilégier ? Une « meilleure pratique » est-elle liée :

- au degré de satisfaction des étudiants ?
- à l'ancienneté du programme ?
- au nombre d'étudiants inscrits ?
- au nombre de créations d'entreprises par les étudiants ?
- au nombre d'emplois créés ?
- aux publications, par la faculté, de textes ayant trait à l'entrepreneuriat ?
- au nombre de cours offerts ?
- à l'impact de la pratique existante sur l'environnement économique et la société ?
- au degré de médiatisation du programme ou de l'institution ?

Dans une étude réalisée auprès d'universitaires américains spécialisés dans le domaine de l'entrepreneuriat,

Karl Vesper recense 18 critères d'évaluation différents. Les cinq plus importants sont, dans l'ordre :

- le nombre de cours offerts,
- les publications des professeurs,
- l'impact sur la communauté,
- les créations d'entreprises par les étudiants et jeunes diplômés,
- les innovations développées.

Au problème que pose le nombre élevé de ces critères s'ajoute un second problème : un certain nombre d'entre eux concernent des effets de l'enseignement entrepreneurial qui arrivent nécessairement après la période pendant laquelle se produit cet enseignement, comme le montre le tableau ci-après, à la lecture duquel on perçoit qu'il convient de rester prudent dans la mise en avant de tel ou tel programme d'enseignement ou sensibilisation.

Les effets de l'enseignement de l'entrepreneuriat sont liés aux niveaux des interventions, aux objectifs des programmes et aux publics visés. Par exemple, si l'objectif d'un cours est de faire passer un message sur le fait que l'entrepreneuriat peut offrir à des étudiants des choix de carrières possibles, l'indicateur peut être le nombre d'étudiants touchés par le discours. *« S'il s'agit, comme dans le cas d'un DESS, d'une population d'étudiants porteurs de projets ou souhaitant se consacrer au conseil à la création, les mesures de performance du programme sont aléatoires dans la mesure où les résultats escomptés sont à la fois diffus (création d'un milieu favorable à la création par le biais de l'arrivée sur le marché du conseil de jeunes diplômés à la fois détenteurs de savoirs constructifs et de dispositions psychologiques favorables à la nécessaire écoute de leurs interlocuteurs) et relativement lointains (les fruits de la formation pourront n'être recueillis que plus tard par les candidats à la création car ils n'en sont le plus souvent qu'au stade des intentions entrepreneuriales).* »

Critères	Période ou moment de mesure
• nombre d'étudiants inscrits • nombre de cours • sensibilisation générale à, et intérêt pour l'entrepreneuriat	**En même temps que les cours**
• intentions d'agir • acquisition de connaissances et de savoir-faire • développement d'une capacité d'auto-diagnostic relative à l'entrepreneuriat	**Quelque temps après les cours**
• nombre de créations d'entreprises • nombre de reprises d'entreprises • nombre de positions entrepreneuriales recherchées et obtenues	**Entre 0 et 5 ans après les cours**
• pérennité et réputation des entreprises • degré d'innovation et capacité de changement des entreprises	**Entre 3 et 10 ans après les cours**
• contribution à l'économie et à la vie sociale • performance des entreprises • satisfaction dans le développement de carrières	**Au-delà de 10 ans après les cours**

Source : d'après Block et Stumpf

Le but des formations entrepreneuriales n'étant pas que tout le monde crée son entreprise et que les créations soient immédiates, les indicateurs les plus simples, les plus évidents ne sont pas les plus pertinents. Le pire serait donc d'évaluer l'intérêt de ces formations en prenant seulement en compte le nombre d'entreprises créées et le nombre d'emplois générés par ces créations, voire le nombre de personnes ayant accédé à des postes de dirigeant. Il nous semble d'ailleurs très discutable, étant donnés les risques et les difficultés de toute création d'entreprise, d'inciter trop fortement des étudiants à faire un tel projet. N'oublions jamais qu'ils sont jeunes, influençables et qu'ils sont très souvent à la recherche de modèles.

Que faut-il donc évaluer ? Nous pouvons, comme dans tous les programmes d'enseignement, évaluer des connaissances acquises, mesurer le degré de maîtrise d'un certain nombre de techniques et d'outils. Il est possible de mesurer l'intérêt des étudiants, leur degré de sensibilisation. Il est assez classique de trouver à propos d'autres cours l'assiduité et la motivation affichée par les étudiants comme critères majeurs d'appréciation de la formation. Les évaluations et les mesures pendant la formation restent importantes : elles permettent de travailler sur des écarts, sur des progressions, sur des niveaux de performance (dans la conduite de projets, dans le travail en équipe, dans la capacité créative...).

Tout cela n'exclut pas, bien évidemment, des approches complémentaires, des enquêtes à court et moyen termes, destinées, par exemple, à identifier et analyser des parcours professionnels, à comparer des trajectoires pour essayer de mieux situer et de mieux comprendre le rôle et l'importance des formations entrepreneuriales pour les individus qui les ont reçues. Des approches un peu plus globales peuvent même permettre de mesurer sur des grandes périodes

des évolutions culturelles se traduisant par des changements de perception, voire de comportements vis-à-vis du phénomène entrepreneurial[1].

1. Le programme de recherche international GEM, déjà mentionné, comporte une enquête auprès de la population française qui vise à mesurer des comportements entrepreneuriaux. Le modèle théorique utilisé dans cette recherche induit que l'éducation et la formation en entrepreneuriat sont des variables explicatives de ces comportements.

Entreprendre le système éducatif et en faire un levier de changement de notre société

L'entrepreneuriat et l'enseignement de l'entrepreneuriat offrent une image éclatée, « mosaïcale », un paysage « kaléidoscopique », pour reprendre une expression empruntée à M. Marchesnay dans un article récent[1]. Ce constat révèle le caractère émergent de ce champ d'investigation. Apparaissent des problèmes de coordination, de connaissance, de diffusion, de qualité, d'objectifs, d'efficience. Les nombreuses initiatives que nous avons présentées dans la première partie de notre travail ont le mérite d'exister et d'avoir fait évoluer quelque peu la situation et les mentalités, mais aucune n'a véritablement débouché sur une action récurrente et pérenne. Ces opérations relèvent plus de démarches ponctuelles et ne s'inscrivent pas ou peu dans des actions structurantes à court et moyen termes.

L'enseignement de l'entrepreneuriat offre une image kaléidoscopique.

1. M. Marchesnay, « L'entrepreneuriat : une vue kaléidoscopique », *Revue Internationale PME*, vol. 13, n° 1, 2000, pp. 105-116.

Liés à un développement un peu trop anarchique de l'enseignement de l'entrepreneuriat, certains nuages s'amoncellent. Comment éviter les tensions inutiles, les déperditions d'énergie, les découragements, les effets d'annonce, les « coups pour voir » ? Comment faire en sorte d'aider d'une façon efficace, voire d'accompagner, des établissements qui souhaitent s'engager dans des démarches d'initiation ou de développement de ces enseignements ? Comment agir pour produire des connaissances utiles, comment faire progresser la « science entrepreneuriale », comment diffuser largement ces connaissances ? Sur quels leviers prioritaires convient-il d'agir aujourd'hui ?

L'enseignement de l'entrepreneuriat se trouve à une étape cruciale de son existence et de son développement : celle d'un champ d'étude en phase de structuration. Il faut lui donner les cadres et les ressources indispensables à un développement mieux organisé, plus harmonieux et plus efficient. Si l'on se réfère à des situations comparables, sans vouloir à tout prix proposer ou imposer des modèles, il peut être utile de s'attarder sur quelques exemples pris en France et dans d'autres pays.

Quand, en France, il a été décidé de développer les enseignements en gestion, deux dispositions ont été rapidement arrêtées. Tout d'abord, une structure a été créée, la FNEGE (Fondation Nationale pour l'Enseignement de la Gestion) avec le concours de partenaires privés et publics. Les missions de cet organisme sont certes multiples et diversifiées, mais certaines d'entre elles sont liées à la promotion de ce type d'enseignement et de la recherche dans ce domaine, à l'identification des enseignants-chercheurs, au recensement des formations, à la diffusion des informations portant sur des initiatives et des programmes français et internationaux. La FNEGE a même lancé et animé directement un observatoire des formations en gestion. On a d'autre part encouragé et facilité la formation à la gestion et au management d'une masse critique d'enseignants français aux États-Unis.

S'agissant de l'entrepreneuriat, lorsqu'on examine la situation des pays précurseurs (parce qu'ils ont démarré de nombreuses années avant nous et qu'ils ont donc eu de plus grandes possibilités de faire jouer la courbe d'expérience) comme les États-Unis, le Canada et la Suède, on est frappé de constater que des invariants apparaissent. Le développement de l'entrepreneuriat y est pratiqué dans une logique libérale, certes, mais aussi en prenant appui sur des structures spécifiques qui jouent un rôle majeur, ces structures étant soit complètement privées, soit associant des partenaires privés et des partenaires publics.

Aux États-Unis, la fondation, Ewing Marion Kauffman, à travers un centre opérationnel très actif (Kauffman Center for Entrepreneurial Leadership), constitue un maillon essentiel de ce dispositif. Cette fondation organise des concours de création d'entreprise, finance des programmes et des cours d'entrepreneuriat ainsi que des programmes de recherche, organise des séminaires de formation et des conférences, centralise et diffuse les informations[1].

1. Pour donner quelques exemples récents, la fondation a financé une recherche universitaire portant sur une période de 15 ans et visant à mesurer l'impact de l'enseignement de l'entrepreneuriat à partir d'un programme fonctionnant à l'Université d'Arizona. Elle a aussi organisé en 1999 la conférence annuelle des centres universitaires d'entrepreneuriat des USA qui a vu la participation des meilleurs professeurs du pays.

Au Canada, de nombreuses fondations œuvrent quotidiennement pour soutenir le développement des enseignements et de la recherche en entrepreneuriat. C'est également le cas en Suède avec, notamment, un institut national de recherche en entrepreneuriat. Dans ces pays, la place de la recherche est très importante ; les équipes et les centres de recherche spécialisés s'y sont multipliés au fil du temps. Il n'est que de voir la prolifération des chaires d'enseignement et de recherche, très souvent financées par des intervenants privés. La recherche est aussi développée dans des centres d'entrepreneuriat aux vocations multiples qui dépassent le cadre strict de la recherche pour s'intéresser à la formation, à la diffusion de l'esprit d'entreprendre, à l'accroissement de l'engagement des professeurs, à la coordination interne, à la liaison avec les entreprises.

Si l'on revient à la France, on peut prendre quelques exemples d'institutions qui se sont lancées dans des projets et des stratégies structurants de développement de l'enseignement de l'entrepreneuriat. De tels cas illustrent ce que pourraient être des facteurs clés de succès dans ce domaine. Dans notre rapport de 1999, nous avions présenté, en les détaillant, quelques expériences et pratiques intéressantes. Tout d'abord, nous avions noté (d'autres l'avaient fait avant nous) la qualité et le caractère structurant des formations diplômantes dispensées dans les universités françaises, plus particulièrement des 12 DESS de gestion orientés vers la création d'entreprise et la gestion des PME que nous avions recensés lors de ce travail.

La stratégie d'une institution nous était apparue, par ailleurs, particulièrement intéressante car résolument orientée vers un changement de paradigme en matière de formation d'ingénieurs. Cette institution est l'École des Mines d'Alès, qui a développé, depuis 1984, l'un des incubateurs de jeunes entreprises les plus importants en France pour des projets technologiques. L'école s'intéresse à l'entrepreneuriat en essayant de former des ingénieurs entrepreneurs plutôt que des ingénieurs salariés. Changement d'approche et de logique qui fait que, selon nous, cette école s'est engagée depuis quelques années dans une mutation culturelle qui va l'amener à prendre beaucoup de distance avec l'enseignement traditionnel tel qu'il est encore très largement pratiqué dans les écoles d'ingénieurs. Au-delà de sa dimension culturelle, le projet de l'École des Mines d'Alès est très clairement de nature économique avec une volonté affirmée de l'établissement de se comporter en co-animateur du développement économique des zones territoriales où il est en mesure d'exercer une influence.

Le dernier exemple français que nous voulons souligner concerne l'École de Management de Lyon. L'offre actuelle de cette institution, dans le domaine de l'entrepreneuriat, est très complète ; elle touche tous les cycles et tous les programmes, et couvre les trois niveaux d'intervention : sensibilisation, accompagnement et formation spécialisée. Des programmes d'appui à la création d'entreprise sont proposés aux étudiants et à d'autres porteurs de projets ; des cours obligatoires sont insérés dans tous les cursus diplômant, ainsi qu'une grande variété de cours optionnels ; des séminaires de DEA consacrés à l'entrepreneuriat sont mis en œuvre dans des programmes doctoraux ; des interventions sur mesure sont réalisées pour des grandes entreprises qui s'intéressent à l'esprit et aux comportements entrepreneuriaux. Depuis 1996, les actions de sensibilisation sont généralisées à l'ensemble des étudiants, et l'école s'est engagée dans des partenariats avec d'autres établissements d'enseignement supérieur, ainsi que dans des actions régionales de diffusion de l'esprit d'entreprendre. La recherche en entrepreneuriat est vivement encouragée et facilitée[1]. Les deux structures mises en place avec le concours de partenaires extérieurs privés et publics afin de faciliter le développement de l'enseignement de l'entrepreneuriat sont le Centre des Entrepreneurs, qui fonctionne depuis l'origine (1984), et, plus récemment, l'incubateur (disposant d'un fonds d'amorçage) pour les projets portés par les étudiants et les diplômés de l'école. En termes de ressources spécifiques l'EM de Lyon s'appuie sur une équipe d'enseignants chercheurs spécialisés.

Tout cela montre l'importance d'au moins trois facteurs de développement de l'enseignement entrepreneurial :

- les structures de soutien et de coordination à un niveau central,
- la recherche et les ressources professorales spécialisées,
- les structures d'appui locales.

Ces facteurs nous paraissent véritablement déterminant en ce qu'ils peuvent contribuer de manière majeure à la structuration du champ de l'entrepreneuriat.

Nous proposons donc trois orientations fondamentales, pour le système éducatif français, trois projets d'envergure sur lesquels nous terminerons cette troi-

1. Notons à cet effet que l'école vient de lancer une chaire de recherche « entreprendre » qui dispose, au démarrage, de ressources financières mises à sa disposition par une fondation créée avec l'aide de grandes entreprises françaises.

sième et dernière partie. Il ne s'agit pas, dans ce qui va suivre, d'apporter des projets entièrement définis, mais plutôt de donner des cadres, des fondations et d'avancer des propositions en vue de leur construction définitive.

Le premier projet vise à installer un observatoire national des initiatives et des pratiques pédagogiques en entrepreneuriat. Le deuxième consiste à dynamiser et accélérer le développement de la recherche en entrepreneuriat et à former des enseignants chercheurs. Le troisième projet vise à doter, à terme, les universités et les écoles de « Maisons des entrepreneurs ».

Ces propositions sont limitées à l'enseignement supérieur. Nous sommes cependant convaincu que beaucoup est à faire à d'autres niveaux du système éducatif. Nous avons en effet montré que plus l'éveil entrepreneurial intervient tôt dans la vie d'un individu, plus la probabilité du passage à l'acte entrepreneurial est élevé. Ce constat milite bien évidemment pour le développement d'actions de sensibilisation et de formation dans les écoles primaires, les collèges et les lycées.

Création d'un observatoire national des pratiques pédagogiques en entrepreneuriat

L'observatoire national des initiatives et des pratiques pédagogiques en entrepreneuriat pourrait être un lieu de concentration et de diffusion des expériences, des pratiques et des connaissances relatives à l'enseignement de l'entrepreneuriat[1]. Pour présenter, d'une façon

1. Ce projet est, actuellement, en cours de réalisation.

plus détaillée, ce projet, nous allons aborder successivement les questions relatives aux missions, aux activités, au fonctionnement et aux partenaires potentiels de cet observatoire.

Quelles missions et activités pour un observatoire ?

L'observatoire national serait un lieu de concentration et de diffusion des expériences, des pratiques et des connaissances en enseignement de l'entrepreneuriat.

Une des missions principales de l'observatoire, et peut être la plus importante, serait la constitution et l'actualisation d'une base de données nationale concernant les actions de sensibilisation, les cours et les programmes de formation en entrepreneuriat. Cette base d'informations qualifiées recenserait dans un premier temps tous les établissements d'enseignement supérieur proposant un tel programme et détaillerait l'organisation des cours, les schémas pédagogiques, les ressources et l'ensemble des moyens mis en œuvre pour cela. Par « informations qualifiées » nous entendons un travail sur les données transmises par les établissements et pouvant se traduire par des observations *in situ,* par des entretiens approfondis et par tout autre moyen permettant de rendre compte précisément et de pouvoir comparer des pratiques pédagogiques et des dispositifs très hétérogènes en raison de la grande diversité des objectifs, des stratégies suivies, des moyens alloués et des principes de fonctionnement.

Une mission de l'observatoire serait la constitution d'une base de données nationale.

Une mission de l'observatoire concernerait l'évaluation de l'impact et des effets des programmes de formation dans le domaine de l'entrepreneuriat. Quelles en sont les traductions et les conséquences en termes de comportements, de création d'entreprise, de création d'emplois, de développement et de diffusion des innovations ? Les personnes formées contribuent-elles à mieux répondre aux exigences et aux défis qu'induit le fonctionnement des sociétés et des économies contemporaines ? Quelles sont les questions à se poser et les approches à privilégier pour évaluer les actions et les systèmes d'enseignement de l'entrepreneuriat ? Pour accomplir cette mission, l'observatoire pourrait recenser et analyser des travaux de recherche existants, ou bien susciter, encourager et coordonner des travaux dans ce domaine pour contribuer à la production de connaissances nouvelles.

Une troisième mission serait d'organiser au sein du système éducatif une diffusion large des pratiques et des initiatives pédagogiques dans le domaine de l'enseignement de l'entrepreneuriat. Cela nécessiterait l'ouverture d'un site internet, des publications et l'organisation d'ateliers ou de séminaires en relation avec les principaux partenaires. Pour réaliser cette mission, il serait indispensable de développer des relations suivies avec des organismes internationaux.

Comment pourrait fonctionner l'observatoire ?

L'objectif pourrait être de constituer une structure pérenne de type associatif, soutenue financièrement par un groupe de partenaires fortement impliqués dans l'opération ainsi engagée et le dispositif mis en place pour cela.

Il faudrait constituer une structure soutenue par un groupe de partenaires fortement impliqués.

Les premiers partenaires[1] pourraient être les acteurs qui nous semblent les plus directement concernés :

1. A terme d'autres partenaires pourraient rejoindre l'observatoire, comme l'ANVAR, le groupe Caisse des dépôts, la Conférence des Grandes Écoles, le CEFI et des instances patronales (MEDEF, UIMM).

- le ministère de l'Éducation nationale[1],
- la Conférence des présidents d'universités,
- la Conférence des directeurs d'écoles et de formations d'ingénieurs,
- le ministère de l'Industrie, de l'Économie et des Finances,
- le ministère des PME, du Commerce et de l'Artisanat,
- le ministère de la Recherche,
- l'Académie de l'entrepreneuriat,
- l'APCE,

L'observatoire pourrait lancer ses activités à partir d'une mise à disposition des études et recherches réalisées par l'APCE, des membres de l'Académie de l'entrepreneuriat, ou par certains ministères. Ces activités seraient dirigées par un comité de pilotage comprenant les principaux partenaires. Un comité d'experts regroupant des personnalités compétentes statuerait sur les opérations de recherche et d'études (objectifs, problématiques, méthodes et instruments, intervenants, budget, calendrier). La localisation de l'observatoire au siège de l'APCE permettrait d'exploiter au mieux les synergies possibles en matière de documentation et d'informations. Les études et recherches spécifiques pourraient être confiées à des opérateurs extérieurs (laboratoires de recherche, par exemple) dans le cadre d'appel à propositions et sous le contrôle du comité d'experts.

1. Tous les niveaux d'enseignement concernés devraient pouvoir être représentés : supérieur, secondaire, professionnel.

DYNAMISATION DE LA RECHERCHE EN ENTREPRENEURIAT

Quand nous prenons connaissance de la façon dont la recherche est soutenue dans la plupart des pays actifs et fortement dynamiques dans le domaine de l'entrepreneuriat, force est de constater qu'en complément des dispositifs universitaires classiques, dans le fond assez comparables au nôtre, des fondations et/ou des entreprises interviennent dans le financement des programmes de recherche.

Ailleurs, des fondations et/ou des entreprises financent des programmes de recherche.

Inciter, encourager des personnes et des équipes de recherche à privilégier des thèmes et des problématiques issus du champ de l'entrepreneuriat et liés à la demande sociale, passerait vraisemblablement par la révision des systèmes et des mécanismes de financement de la recherche. Il conviendrait de viser la pluralité et non pas l'unicité (ou la règle des 20/80) dans les modes de financement. Avant que des centres de recherche nationaux, comme le CNRS, se saisissent du champ de l'entrepreneuriat (et à condition que cela soit une façon pertinente de traiter la question), beaucoup de temps aura été perdu. Or, les besoins sont urgents et colossaux, à la hauteur des enjeux économiques et sociaux. Ces besoins touchent notamment l'enseignement et la pédagogie de l'entrepreneuriat. Qu'il nous soit permis de rappeler ici deux préconisations, correspondant à des besoins forts, que nous avions faites dans notre rapport de 1999.

La première consistait à identifier et former aux spécificités de l'entrepreneuriat des enseignants français en s'inspirant, le cas échéant, de l'opération pilotée par la FNEGE dans les années 60, qui avait permis de former à la gestion de nombreux enseignants français dans les universités américaines. Pour faire de la recherche et développer les matériels pédagogiques, il faut une « masse critique » d'enseignants chercheurs.

Pour faciliter le démarrage et accélérer le processus de diffusion de l'enseignement entrepreneurial, nous préconisions par ailleurs d'organiser le développement et le transfert de matériels pédagogiques et l'utilisation de nouvelles technologies éducatives. Quelques pistes avaient été alors avancées :

- encourager le développement d'études de cas dans le domaine de l'entrepreneuriat en organisant chaque année des concours entre enseignants visant à récompenser les meilleurs exemples,
- organiser des appels d'offres destinés à permettre le développement de cours packagés en entrepreneuriat pour tous les niveaux d'intervention,
- subventionner les universités qui investissent dans l'acquisition de modules pédagogiques packagés,
- organiser des séminaires de formation des enseignants aux approches pédagogiques utilisées pour enseigner l'entrepreneuriat[1],
- encourager l'utilisation des nouvelles technologies éducatives permettant notamment l'enseignement et les communications à distance ainsi que l'accès, via internet, à des centres de ressources et à des réseaux d'expertise.

Ces différentes dispositions constituent indéniablement des pistes d'orientation des recherches en vue

1. Comme cela est fait régulièrement aux États-Unis, avec parfois des séminaires ouverts à des enseignants non américains (par exemple, l'université du Colorado, à Boulder, organise différents séminaires à travers son centre LLEEP, Lifelong Learning for Entrepreneurship Education Professionals).

de la prise en compte de besoins éducatifs et pédagogiques immédiats.

Mais tout cela demande des ressources, des structures et un minimum de coordination des actions, au moins dans un premier temps, pour donner de l'ampleur, de la profondeur et de la pertinence (en termes d'adéquation à la demande sociale et aux besoins) aux axes et travaux de recherche développés par les différentes équipes. Cela nécessite également une insertion et une participation des chercheurs au fonctionnement des réseaux régionaux[1], nationaux et internationaux.

Des dispositifs de financement existent à différents niveaux : État, Région, Europe... Peut-être conviendrait-il de les faire connaître davantage en rédigeant une plaquette qui pourrait s'intituler : « Le financement de la recherche en entrepreneuriat », et en la distribuant aux universités, aux écoles et aux associations scientifiques qui regroupent des enseignants chercheurs de ce domaine ? Peut être faudrait-il faire aussi l'inventaire des centres, laboratoires, équipes qui font de la recherche en entrepreneuriat ou dans des champs très connexes ? Il s'agirait ainsi de mettre à plat l'existant pour repérer les acteurs et mieux préciser les dispositifs actuels.

Le financement de la recherche en entrepreneuriat pourrait être complété par d'autres formules plus originales et peut-être plus efficaces. À l'instar de ce qui

1. Une expérience intéressante se déroule actuellement dans la région Nord-Pas-de-Calais où un programme de recherche tri-annuel associant la plupart des équipes universitaires et non-universitaires de recherche en entrepreneuriat est lancé ; il devrait bénéficier d'un financement de la Région dans le cadre des contrats de plan avec l'État.

fonctionne dans certains pays, notamment en Suède, une Fondation Nationale de la Recherche en Entrepreneuriat, associant partenaires publics et privés, pourrait voir le jour. Des fondations régionales constituées sur le même modèle étendraient et prolongeraient le dispositif en irriguant complètement le territoire. Pourquoi ne pas envisager qu'un projet de ce type soit mis à l'étude et qu'un groupe de travail, regroupant l'ensemble des acteurs et des parties prenantes, soit constitué ? Il nous semblerait judicieux d'associer la FNEGE à ces travaux, l'exemple donné par cette fondation pouvant être d'une grande utilité.

En conclusion, nous proposons les mesures suivantes pour dynamiser et accélérer le développement des recherches en entrepreneuriat :

- réalisation d'une plaquette d'information sur le financement de la recherche en entrepreneuriat et diffusion de ce document aux acteurs concernés,
- réalisation d'un travail d'identification des équipes de recherche françaises travaillant dans le domaine de l'entrepreneuriat : localisation de ces équipes, identification des axes et thèmes de recherche, ainsi que des ressources mobilisées,
- constitution d'un groupe de travail associant la FNEGE et des partenaires publics et privés et lancement d'un projet de création d'une Fondation Nationale de la Recherche en Entrepreneuriat.

Création des Maisons des entrepreneurs

La suggestion qui consiste à dénommer ces structures locales « Maisons des entrepreneurs » vient d'une volonté de se démarquer des expressions habituellement utilisées dans les pays anglo-saxons, notamment celle de « Entrepreneurship Centre » et de sa traduction française « Centre des Entrepreneurs » ou « Centre d'Entrepreneuriat ». Le mot « maison » évoque, par ailleurs, davantage l'idée d'une cellule (ou d'une structure) conviviale, accueillante, communautaire, solidaire, porteuse de valeurs et de culture. Ce projet rejoint une préconisation que nous avions faite en 1999 dans un travail précédent. À l'époque, nous proposions de *« mettre en place des structures d'accueil, d'orientation et d'accompagnement des étudiants porteurs de projets »*.

Le mot « maison » évoque une cellule conviviale, solidaire, porteuse de valeurs et de culture.

Il est possible de donner à ces structures des missions nombreuses et complémentaires qui peuvent être envisagées dans le cadre d'un développement progressif, réalisé en fonction des objectifs retenus et des capacités internes de l'institution concernée. À titre d'exemple une étude récente sur les « Entrepreneurship Centres » canadiens montrent que les missions et les objectifs sont regroupés dans six familles distinctes[1] :

- recherche et production de connaissances dans le domaine de l'entrepreneuriat,
- développement de l'enseignement de l'entrepreneuriat au sein de l'Université et promotion de la culture entrepreneuriale au sein de la communauté des étudiants,
- valorisation des expertises professorales,

1. T.V. Menzies, « Entrepreneurship and the Canadian Universities – Report of a National Study of Entrepreneurship Centres », Faculty of Business, Brock University, 1998.

- coordination des initiatives et des activités lancées par les différents acteurs du milieu entrepreneurial ; établissement de ponts entre le milieu universitaire, le milieu des affaires et le milieu politique,
- développement d'une image d'excellence en entrepreneuriat ; développement de la notoriété des universités dans ce domaine,
- participation active à la vie économique, en contribuant à la production de richesses, en proposant des formations aux entrepreneurs et au milieu de la création, et en fournissant des conseils…

Il nous apparaît évident que les missions et les objectifs de ces Maisons devraient être définis au cas par cas, en tenant compte des spécificités et des particularités locales et en impliquant fortement les entreprises et les milieux d'affaires.

Ces Maisons des entrepreneurs devraient se démarquer des incubateurs technologiques mis en place dans toutes les régions françaises à la suite de la loi de 1999 sur l'innovation. Rien n'empêche cependant, en tout cas dans notre esprit, une Maison des entrepreneurs de mettre en œuvre une fonction d'incubation de projets d'étudiants. Dans ce cas, l'accompagnement individuel et les interventions d'expertise sur les projets devraient pouvoir se faire avec l'implication d'entrepreneurs, de professionnels de la création d'entreprise et de cadres d'entreprises locales. Le parrainage des porteurs de projets par des entrepreneurs locaux pourrait constituer la pierre angulaire de ce dispositif.

Pour la mise en place de ces structures, il est souhaitable d'envisager des collaborations locales inter-établissements (universités, écoles d'ingénieur, écoles de commerce) et inter-facultés. Les raisons en sont multiples. La diversité permettrait la pluridisciplinarité, les approches complémentaires, en bref, l'enrichissement mutuel qui rejaillirait sur les étudiants et sur la qualité des projets. Les associations entre établissements d'une même ville faciliteraient par ailleurs les montages et permettraient de réduire les coûts d'opportunité et les coûts de fonctionnement. Très souvent les partenaires éventuels poussent vers l'alliance et le projet unique, gage selon eux d'une meilleure efficacité, à travers la concentration des ressources et la notion de masse critique.

Dans ces Maisons des entrepreneurs, les étudiants pourraient trouver sur place un fonds documentaire réservé à la création d'entreprise, des micro-ordinateurs équipés de logiciels spécialisés, des connections internet avec des sites professionnels, dont celui de l'APCE. Ils pourraient également rencontrer des « conseillers à la création d'entreprise » pour organiser leur parcours et accéder aux différentes ressources : informations, formations, experts, professionnels... Les professionnels de la création d'entreprise, les entrepreneurs potentiels, les entrepreneurs et les entreprises elles-mêmes pourraient trouver dans ces structures des ressources et des formations destinées à leur apporter une aide ponctuelle ou à améliorer leurs pratiques.

Dans notre esprit les Maisons des entrepreneurs seraient des espaces physiques, des lieux éducatifs destinés à la création d'entreprise et à la création d'activités. Elles auraient des fonctions d'accueil des étudiants, d'accompagnement des porteurs de projets, de formation. D'une certaine façon, elles pourraient être perçues à la fois comme des centres de ressources et des « centres d'affaires ». Elles devraient également jouer un rôle fondamental pour une large sensibilisation des étudiants, la diffusion de la culture entrepreneuriale au sein des universités, et l'évolution lente de notre pays vers une société plus ouverte et plus favorable à l'esprit d'entreprendre.

La proposition que nous faisons est de rechercher les conditions et les modalités de l'association de partenaires publics et privés pour qu'ils étudient beaucoup plus en profondeur ce projet de mise en place des Maisons des entrepreneurs dans les Universités et les établissements d'enseignement supérieur français.

Conclusion

Libérons les envies, les énergies créatrices et l'avenir

Le concept d'entrepreneuriat a beaucoup évolué au cours du temps et les évolutions des quinze dernières années comptent certainement parmi les plus importantes. Ce concept, qui était au départ en seul lien avec la création d'entreprise (acte singulier qui, il faut bien l'admettre, est encore peu fréquent), a glissé vers des registres plus généraux touchant à l'état d'esprit et aux comportements. Ces changements ont entraîné, par voie de conséquence, des modifications du champ couvert par l'entrepreneuriat. Différentes formes d'entrepreneuriat cohabitent aujourd'hui, qui mêlent les niveaux individuel et organisationnel (ou collectif).

Différentes formes d'entrepreneuriat cohabitent aujourd'hui.

Ces modifications ne sont pas fortuites, liées au hasard ou aux effets de mode ; elles viennent, selon nous, de changements importants qui affectent nos sociétés et introduisent des ruptures, créant un besoin de compréhension et de recherche autour d'une « nouvelle réalité ». Nous avons essayé de montrer ce que sont ces changements, ces « tendances lourdes d'évolution des activités économiques » et quelles en sont les conséquences à différents niveaux : entreprises, individus, éducation.

Certains continuent de voir dans l'entrepreneuriat un instrument au service du développement économique. Parfois, il est même perçu comme une variable essentielle du processus de croissance économique. Mais les sociétés l'utilisent de plus en plus comme un outil de changement culturel. Comment ne pas voir dans ces signes une véritable « révolution », l'entrepreneuriat étant passé du rang de phénomène[1] à celui de nouveau paradigme[2].

En nous attardant, quelque peu, sur la situation de l'enseignement de l'entrepreneuriat dans le système éducatif supérieur en France, nous avons pu constater qu'un certain chemin avait déjà été parcouru, mais aussi, que des progrès et des évolutions considérables restaient à accomplir. Il apparaît en effet que, dans un pays où la culture de la création d'entreprise passe encore largement par la famille, il conviendrait de donner un double rôle au système éducatif en général et aux universités en particulier. Celui, tout d'abord, d'éveiller les consciences et de sensibiliser tous les étudiants à l'entrepreneuriat. Celui, ensuite, de préparer, former et accompagner ceux qui, parmi eux, veu-

1. Au sens de Thomas Kuhn, *La structure des révolutions scientifiques,* Paris, Flammarion, 1983.
2. Voir à ce sujet : P. Kyrö, « Entrepreneurship Paradigm Building – Towards a discipline ? », working paper, Jyväskylä University School of business and economics.

lent s'orienter, à court ou moyen terme, vers des métiers et des situations liés à l'entrepreneuriat.

L'entrepreneuriat constitue-t-il une nouvelle discipline ? L'histoire sociale nous apprend que le développement d'une discipline est une construction culturelle et sociale qui s'ancre et démarre à partir de changements qui « révolutionnent » une société. Dans ces conditions, nous faisons l'hypothèse que l'entrepreneuriat est actuellement dans une phase transitoire qui devrait l'amener à connaître un changement de statut ; il passera en effet, selon nous, de celui de paradigme à celui de discipline scientifique. C'est cette situation ambiguë qui permet d'expliquer les problèmes actuels de reconnaissance et de positionnement parmi les autres disciplines. L'entrepreneuriat emprunte encore beaucoup à d'autres disciplines, mais cela est lié à sa jeunesse et au fait que nous sommes seulement au tout début d'un processus d'identification de ses spécificités.

Le développement de l'entrepreneuriat et celui de son enseignement représentent donc des enjeux majeurs pour les sociétés contemporaines. Nous avons montré, en nous appuyant sur les propos des experts que nous avons consultés et sur nos propres analyses, que ce développement est actuellement freiné par une insuffisance d'infrastructures qui amoindrit (ou annihile) la pertinence et l'efficacité des actions pédagogiques et de celles qui sont liées à la recherche. L'enseignement de l'entrepreneuriat est dans un moment critique de sa jeune existence ; il doit être davantage structuré et consolidé. En nous inspirant d'expériences qui semblent avoir bien fonctionné dans quelques pays ou même en France, nous sommes arrivés à la conclusion qu'il fallait agir en privilégiant trois domaines.

Tout d'abord il convient d'organiser la diffusion d'expériences, d'informations et de connaissances sur les pratiques et les méthodes pédagogiques utilisées dans l'enseignement de l'entrepreneuriat. Cela doit se faire en étroite collaboration avec l'APCE et permettre de faciliter les démarrages et les développements d'établissements. Le projet que nous formulons est de créer *un Observatoire national des pratiques pédagogiques en entrepreneuriat.*

Dans un autre domaine, il nous est apparu essentiel de dynamiser et d'accélérer le développement de la recherche en entrepreneuriat, pour produire des connaissances scientifiques utilisables dans les pratiques d'enseignement et les pratiques professionnelles. Le projet proposé, après qu'un recensement des équipes de recherche et des dispositifs d'aide financière ait été réalisé, est d'étudier la faisabilité de la création d'*une Fondation nationale de la recherche en entrepreneuriat.*

Enfin, à un niveau local, il est indispensable d'installer des structures d'accueil, d'orientation et d'accompagnement des étudiants porteurs de projets et des entrepreneurs potentiels, proposant des formations et des ressources diverses. Outre ces avantages immédiats, ces lieux spécialisés permettraient une diffusion large de la culture entrepreneuriale au sein des établissements d'enseignement supérieur. Notre proposition est d'inviter les acteurs des mondes politique, économique et éducatif à se mobiliser pour favoriser *la création de Maisons des Entrepreneurs* dans le système éducatif français.

Ces différents projets, ces propositions, ont pour but de donner à l'entrepreneuriat et à son enseignement les moyens d'un développement plus harmonieux, plus « professionnel », de meilleure qualité, en phase avec les véritables enjeux de société que nous avons évoqués. Nous sommes convaincu que c'est à travers l'éducation et la formation qu'il sera possible de faire évoluer les mentalités. De plus, si l'attitude de notre société change vis-à-vis de la création d'entreprise et des entrepreneurs, il est évident que, peu à peu, les cadres et les dispositifs réglementaires s'assoupliront et deviendront plus favorables à l'acte d'entreprendre et à ce qui le caractérise. Certes, aujourd'hui encore, les contraintes administratives, la fiscalité, l'absence ou l'insuffisance de protection sociale pour les entrepreneurs, montrent bien que le chemin est long et vraisemblablement difficile.

Les changements de mentalité sur une grande échelle prendront également du temps et se feront parfois dans la douleur, au prix d'un retour en arrière sur des mesures qui n'étaient ou ne sont pas toujours très réalistes. La partie ne sera pas facile dans une société qui véhicule des représentations mentales sur l'entrepreneur et l'acte d'entreprendre héritées d'un passé dont il n'est pas aisé de faire abstraction. Que penser des débats qui agitent nos élites politiques et intellectuelles sur l'abaissement du temps de travail et la loi des 35 heures ? Que dire des critiques idéologiques qui visent toute intention de baisse des impôts au prétexte que ce genre de mesure favorise les plus fortunés (et non pas ceux qui travaillent le plus) au détriment des plus démunis ? Que répondre à ceux qui dénoncent l'injonction paradoxale proférée par la société française quand, d'un côté, elle incite à la création d'entreprise ou à l'acte d'entreprendre et, de l'autre, décrète qu'il est possible légalement de travailler moins ?

Pour libérer les envies, les énergies créatrices et l'avenir, il faut entreprendre le système éducatif et le faire évoluer pour qu'il devienne un levier de changement de notre société. Nous pouvons considérer que ce processus est en cours, même s'il subsiste encore des incertitudes et des fragilités. Tout irait mieux et plus vite si on pouvait entreprendre le système politique et contribuer à le rendre plus lucide, plus réaliste, moins démagogique, à le mettre en prise directe avec les situations, les problèmes et les acteurs de notre société. Au fond, cela serait un juste retour des choses que de voir les hommes politiques se comporter en entrepreneurs de notre société ; ils souhaiteraient le changement, communiqueraient leur vision, mettraient en œuvre leur projet et pourraient constater, à l'issue de leur mandat, qu'ils ont effectivement participé à la création de richesses supplémentaires pour le bénéfice de la collectivité.

Bibliographie générale

AMBLARD H., BERNOUX P., HERREROS G., LIVIAN Y.F., 1996, *Les nouvelles approches sociologiques des organisations*, Paris, Éditions du Seuil.

APCE, Rapports annuels, http://www.apce.com.

APCE, 2000, *Promouvoir l'esprit d'entreprendre et la création d'entreprise dans le système éducatif*, rapport du CNCE.

APCE et ARTHUR ANDERSEN, 1998, *Du créateur d'entreprise au créateur d'emploi : la dynamique du succès, collection* « Comprendre », Paris, APCE.

AROCENA J. et *al.*, 1983, « La création d'entreprise, un enjeu local », *La Documentation Française*, Notes et Études documentaires, numéros spéciaux 4709 et 4710.

AURIFEILLE J.M., HERNANDEZ E.M., 1991, « Détection du potentiel entrepreneurial d'une population étudiante », *Économies et Sociétés*, série sciences de gestion, n° 17, pp. 39-55.

BERANGER J., CHABBAL R., DAMBRINE P., 1998, *Rapport sur la formation entrepreneuriale des ingénieurs*, rapport rédigé à la demande du ministre de l'Économie, des Finances et de l'Industrie (consultable sur le site du ministère et sur celui du Conseil Général des Mines).

BLOCK Z., STUMPF S.A., 1992, Entrepreneurship Education Research: Experience and Challenge, The State of the Art of Entrepreneurship, Sexton DL and Kasarda JD (Eds), Boston : PWS Kent, pp. 17-42.

BOUTILLIER S., UZINIDIS D., 1995, *L'entrepreneur. Une analyse socio-économique*, Paris, Economica.

BRUYAT C., 1993, *Création d'entreprise : contributions épistémologiques et modélisation*, thèse de doctorat en sciences de gestion, université Pierre Mendès-France de Grenoble.

CROZIER M., FRIEDBERG E., 1977, *L'acteur et le système*, Paris, Éditions du Seuil, Points, Politique.

ETTINGER J.-C., 1989, « Stimuler la création d'emplois par la création d'entreprises », *Revue Française de Gestion*, n° 73, pp. 56-61.

FAUCONNIER P., 1996, *Le talent qui dort – La France en panne d'entrepreneurs*, Paris, Éditions du seuil.

FAYOLLE A., 1996, *Contribution à l'étude des comportements entrepreneuriaux des ingénieurs français*, thèse de doctorat en sciences de gestion, université Jean Moulin de Lyon.

FAYOLLE A., 1999, *L'enseignement de l'entrepreneuriat dans les universités françaises : analyse de l'existant et propositions pour en faciliter le développement*, rapport rédigé à la demande de la direction de la technologie du ministère de l'Éducation Nationale, de la Recherche et de la Technologie (consultable sur le site du ministère de la Recherche et sur le site : www.epi-entrepreneurship.com).

FAYOLLE A., 1999, *L'ingénieur entrepreneur français*, Paris, Éditions l'Harmattan.

FAYOLLE A., 2000, « L'enseignement de l'entrepreneuriat dans le système éducatif supérieur : un regard sur la situation actuelle », Revue Gestion 2000, n° 3, pp. 77-95.

FAYOLLE A., 2001, Les enjeux du développement de l'enseignement de l'entrepreneuriat, rapport rédigé à la demande de la direction de la technologie du ministère de la Recherche. (consultable sur le site du ministère et sur le site : www.epi-entrepreneurship.com).

FAYOLLE A., VERNIER A., DJIANE B., 2003, « Les jeunes diplômés de l'enseignement supérieur et la création d'entreprise : à la recherche des sensations de plaisir et de jeu », dans *Histoires d'Entreprendre* (Ed Verstraete T.), Paris, Éditions EMS (ouvrage à paraître).

FIET J.O., 2000, « The theoretical side of teaching entrepreneurship », *Journal of Business Venturing*, vol. 16, n° 1, pp. 1-24.

FIET J.O., 2000, « The pedagogical side of entrepreneurship theory », *Journal of Business Venturing*, vol. 16, n° 2, pp. 101-117.

GARTNER W.B., 1990, « What are we talking about when we talk about entrepreneurship ? », *Journal of Business Venturing*, Vol. 5, n° 1.

GAUDIN T., 1983, « Qu'est ce qu'un entrepreneur ? », *C.P.E. Étude*, n° 7, pp. 3-11.

GIBB A.A., 1987, « The enterprise culture. Threat or opportunity ? », *Journal of European Training*, vol. 11, n° 2, pp. 27-31.

GIBB A.A., 1992, « The enterprise culture and education », International Small Business Journal, mars 1992.

GIBB A., 1A.996, « Entrepreneurship and small business management: can we afford to neglect them in the Twenty-first century business school », *British Academy of Management Journal*, pp. 309-321.

HORNADAY J.A., 1982, « Research about living entrepreneurs », *Encyclopedia of Entrepreneurship*, Englewood Cliffs, Prentice Hall.

JULIEN P.A., MARCHESNAY M., 1988, *La petite entreprise*, Paris, Vuibert gestion.

KUHN T., 1983, *La structure des révolutions scientifiques*, Paris, Flammarion.

KYRO P., 2000, Entrepreneurship Paradigm Building – Towards a discipline?, *working paper*, Jyväskylä University School of Business and Economics.

LAUFER J., 1975, « Comment on devient entrepreneur », *Revue Française de Gestion*, n° 2, pp. 11-26.

LAURENT P., 1989, « L'entrepreneur dans la pensée économique », *Revue Internationale PME*, vol. 2, n° 1, pp. 57-70.

LE MAROIS H., 1985, *Contribution à la mise en place de dispositifs de soutien aux entrepreneurs*, thèse de doctorat d'État en sciences de gestion, université de Lille.

LEVIE J., 2000, Entrepreneurship Education in Higher Education in England: A Survey, London Business School (consultable à l'adresse : http://www.dfee.gov.uk/hequ/lbs.htm).

LORRAIN J., DUSSAULT L., 1988, « Les entrepreneurs artisans et opportunistes : une comparaison de leurs comportements de gestion », *Revue Internationale PME*, vol. 1, n° 2, pp. 157-176.

McCLELLAND, 1965, « Achievement motivation can be developed », *Harvard Business Review*, novembre-décembre.

MARCHESNAY M., 2000, « L'entrepreneuriat : une vue kaléidoscopique », *Revue Internationale PME*, vol. 13, n° 1, pp. 105-116.

MORTIER D., 1996, *Réflexions et propositions sur la création d'entreprises à forte croissance*, rapport rédigé à la demande du ministère de l'Économie, des Finances et de l'Industrie.

MENZIES T.V., 1998, *Entrepreneurship and the Canadian Universities – Report of a National Study of Entrepreneurship Centres*, Faculty of Business, Brock University.

NAISBITT J., 1993, *The global paradox*, William Morrox and Company inc.

SCHUMPETER J., 1935, *Théorie de l'évolution économique*, Paris, Dalloz.

SHAPERO A., 1975, « The displaced, unconfortable entrepreneur », *Psychology today*, vol. 7, n° 11, pp. 83-89.

SHAPERO A., 1983, « Création d'entreprises et développement local », in : Qu'est-ce que entreprendre ?, *C.P.E. Étude*, n° 7.

STEVENSON H.H., GUMPERT D.E., 1985, « The heart of entrepreneurship », *Harvard Business Review*, mars-avril, pp. 85-92.

STEVENSON H.H., GUMPERT D.E., 1985, « Au coeur de l'esprit d'entreprise », *Harvard-L'Expansion*, Automne.

TIMMONS J.A., 1978, « Characteristics and role demands of entrepreneurship », *American Journal of Small Business*, vol. 3, n° 1, pp. 5-17.

VANDENBEMPT K., RAICHER S., 2000, *Encouraging Entrepreneurship in Europe. A comparative study focused on education*, University of Antwerp, Center for Business Administration.

VESPER K.H., 1993, *Entrepreneurship Education*, University of Washington.

VESPER K.H., GARTNER W.B., 2000, *University Entrepreneurship Programs-1999*, University of Southern California, Marshall School of Business, Llyod Greif Center for Entrepreneurial Studies.

www.ingramcontent.com/pod-product-compliance
Lightning Source LLC
Chambersburg PA
CBHW061155220326
41599CB00025B/4490

* 9 7 8 2 7 0 8 1 2 8 2 6 2 *